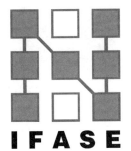

第七届结构工程新进展国际论坛文集
Proceedings of the 7ᵗʰ International Forum on Advances in Structural Engineering（2016）

工业建筑与特种结构新进展

Advances in industrial and special construction

苏三庆　史庆轩　主编

Editors in Chief：Su Sanqing & Shi Qingxuan

中 国 建 筑 工 业 出 版 社
China Architecture & Building Press

图书在版编目（CIP）数据

工业建筑与特种结构新进展/苏三庆，史庆轩主编.
北京：中国建筑工业出版社，2016.8
（第七届结构工程新进展国际论坛文集）
ISBN 978-7-112-19601-2

Ⅰ.①工… Ⅱ.①苏…②史… Ⅲ.①工业建筑-结构设
计-文集 Ⅳ.①TU27-53

中国版本图书馆 CIP 数据核字（2016）第 157563 号

本书汇集 9 位学者专家最新研究成果的专辑。为第七届结构工程新进展国际论坛特约报告文集。本届论坛主题：工业建筑与特种结构。9 位特邀报告主题涵盖了：工业建筑结构诊治技术，结构振动控制与标准体系，门式刚架轻型房屋钢结构，以矩法为基础的荷载抗力系数设计方法，FAST 索网结构疲劳分析，风电结构，电力土建特种建（构）筑物结构设计，光热发电站结构设计，工业建筑混凝土结构与钢结构耐久性研究进展。

责任编辑：赵梦梅 刘婷婷
责任校对：陈晶晶 刘 钰

第七届结构工程新进展国际论坛文集
工业建筑与特种结构新进展
苏三庆 史庆轩 主编
*
中国建筑工业出版社出版、发行（北京西郊百万庄）
各地新华书店、建筑书店经销
北京红光制版公司制版
北京圣夫亚美印刷有限公司印刷
*
开本：787×1092 毫米 1/16 印张：11 字数：263 千字
2016 年 7 月第一版 2016 年 7 月第一次印刷
定价：**38.00** 元
ISBN 978-7-112-19601-2
　　　（29112）

鸣　谢

本届论坛得到以下企业和社团的资助

杭萧钢构股份有限公司

中国电力工程顾问集团西北电力设计院有限公司

浙江东南网架股份有限公司

中国建筑科学研究院 PKPM 设计软件事业部

中国电机工程学会电力土建专业委员会

前　言　Preface

　　伴随着中国经济的再次腾飞以及"十三五"规划的逐步实施，中国的建筑行业在持续的增长和发展。这一增长和发展刺激着中国的城镇化建设和各项事业的发展。同时，这一增长和发展对与结构工程相关的技术、学科建设、人才培养等都提出了更新、更高的要求。与此同时，伴随着"大众创业、万众创新"理念的提出，对提高结构工程创新能力提供了历史性的机遇。正是基于这种时代背景，在住房和城乡建设部的支持下，由中国建筑工业出版社、同济大学《建筑钢结构进展》编辑部、香港理工大学《结构工程进展》（Advances in Structural Engineering）编委会联合主办，西安建筑科技大学承办的第七届"结构工程新进展国际论坛（The 7th International Forum on Advances in Structural Engineering)"在西安举行。

　　本次论坛的主题是"工业建筑与特种结构"。工业建筑与特种结构的技术发展一定程度上代表了建筑结构的发展水平。工业建筑与特种结构在设计方法、施工工艺、抗灾性能等多方面与普通建筑结构有较大区别。工业建筑与特种结构一直是国际学术界和工程界关注的热点、研究的前沿。在本次论坛中我们荣幸的邀请了 16 位特邀报告人，他们的报告主题涵盖了近年来与工业建筑与特种结构相关的最新研究成果、设计方法、施工技术、规范规程以及相应新型材料及构件的应用；阐述了在这些领域内的最新发展信息；同时也向与会者提供了一个与专家互动并获取宝贵经验的机会。

　　感谢特邀报告人，他们不仅在大会上做了精彩的主题报告，而且还奉献了精心准备的论文，使得本书顺利出版。

　　感谢论坛自由投稿作者以及参加本次论坛的所有代表，正是大家的积极参与配合，才使得本次论坛能够顺利进行。

　　感谢住建部执业资格注册中心、中国建筑工业出版社、同济大学《建筑钢结构进展》编辑部、香港理工大学《结构工程进展》编辑部对本次论坛的指导、支持和帮助。

　　感谢杭萧钢构股份有限公司、中国电力工程顾问集团西北电力设计院有限公司、浙江东南网架股份有限公司、中国建筑科学研究院 PKPM 设计软件事业部、中国电机工程学会电力土建专业委员会、国家自然科学基金项目（51478382、51408478、51478383）对本次论坛成功举办的资助和支持。

目 录 Contents

工业建筑结构诊治技术

岳清瑞，李　荣，常好诵

（中冶建筑研究总院有限公司，北京 100088）

摘　要：我国既有工业建筑量大面广，形式多样，建造于不同年代，使用环境和作用复杂。工业建筑结构诊治技术是工业建筑在服役期内具有足够的安全性与适用性的重要保障。本文回顾并总结了我国工业建筑结构诊治技术领域的主要研究成果和标准规范体系，同时分析了该领域尚需解决的问题和发展方向。

关键词：工业建筑；诊治；可靠性；耐久性；疲劳

中图分类号：TU312

DIAGNOSIS AND REHABILITATION OF INDUSTRIAL BUILDINGS

Q. R. Yue，R. Li，H. S. Chang

（Central Research Institute of Building and Construction MCC，Beijing 100088，China）

Abstract：The industrial buildings in china have a large quantity and a wide range. Built in different ages，they generally take various forms and complex working conditions. The technology of diagnosis and rehabilitation of industrial buildings is significant to ensure the safety and serviceability of in-service industrial buildings. This paper reviews and summarizes the major achievements of research and application on diagnosis and rehabilitation of industrial buildings in China. The paper then discusses the problems to be solved and the future directions in this field.

Keywords：Industrial building；Diagnosis and rehabilitation；Reliability；Durability；Fatigue

1. 前言

工业建筑是保障工业生产的重要基础设施，广泛分布于冶金、机械、煤炭、电力、石

第一作者：岳清瑞（1962—），男，教授级高工，主要从事工业建筑结构诊治技术方面的研究和应用，E-mail：yueqr@vip. 163. com.

通讯作者：李　荣（1971—），女，教授级高工，主要从事工业建筑结构诊治技术方面的研究和应用，E-mail：lirong88@tsinghua. org. cn.

化、纺织、核电等各个行业。工业建筑包括单层及多层工业厂房、种类繁多的构筑物（烟囱、水塔、冷却塔、料仓、通廊、转运站、栈桥、工业平台、设备基础等），以及管道、支架等附属设施。据统计，截至 2015 年底，我国工业建筑面积已经超过 70 亿 m^2，占我国既有建筑物总面积的 15％左右，进入二十一世纪后发展迅速，如图 1 所示。

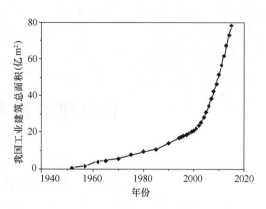

图 1 我国工业建筑规模的发展趋势
Fig. 1 Development tendency of area of industrial buildings in China

1.1 工业建筑的作用与环境

工业建筑与民用建筑相比具有不同的特点，在作用上，工业建筑具有重载、反复动载、振动、局部超大荷载及复杂检修荷载等，在使用环境方面，常遇高温、高湿、腐蚀介质等。例如一些重工业厂房承受重载作用，如炼钢、机械铸造车间天车吊重高达 400t 以上；有些厂房长期受到各类生产设备的振动作用影响；酸洗车间、化工厂房等长期处于各类腐蚀介质的强腐蚀环境；有些厂房还会产生大量的余热、烟尘和废水，或有防爆、防尘、防菌、防辐射等要求。此外，工业建筑还必须设置与生产工艺配套的各种设施，受设备、工艺、检修等荷载作用，荷载工况多。工业建筑在复杂的环境因素和使用条件长期作用下，而且一般处于连续生产状态，致使结构构件易遭受累积损伤产生性能退化，由此带来工业建筑结构的强度失效、疲劳破坏和耐久性破坏等问题。

1.2 我国工业建筑的发展历程

我国工业建筑的建设与使用经历了多个历史时期，执行不同的规范标准，结构可靠度水平差异较大，呈现出的工作状态及结构安全问题也有明显的时代特征。新中国成立初期，基本建设从体制、设计标准、施工等各方面都全面学习苏联；"大跃进"及"文革"期间，由于历史原因，工业建筑在设计和施工技术上产生偏差，违背客观规律，工业建筑结构形式混乱，造成了很多隐患；改革开放后，国民经济快速发展，工业产量大幅提高，特别是在 20 世纪 80 年代，由于当时我国工业基础设施严重落后且无资金进行大规模的改扩建，各工业行业对现有设施的挖潜和改造成为发展生产、提高产能的首要选择，为随后的长期安全使用带来了隐患。2000 年后，工业建筑规模快速发展，大量采用新技术、新工艺，随之也带来新的结构安全等问题，同时随着社会经济发展和城镇化建设的推进，将会出现相当数量的工业建筑转型和升级，安全与耐久问题将会更加突出，面临新的挑战。

1.3 工业建筑诊治的作用和特点

我国既有工业建筑量大面广，形式多样，建造于不同年代，使用环境和作用复杂。历史上发生过较多的工业建筑结构破坏乃至于倒塌等恶性事故，造成了重大的经济损失和人员伤亡。因此工业建筑结构诊治一直是影响我国工业安全生产的关键因素，科学的诊治可以有效保障服役期内工业建筑的安全性和适用性，避免安全事故发生。

工业建筑结构诊治包括"诊"和"治"两个方面，"诊"即结构检测、鉴定、评估，"治"即修复、加固、改造。我国工业建筑结构诊治从以冶金为代表的重工业发展而来。与发达国家相比，我国在工业建筑的设计水准、建造水平与管理水平上都存在一定的差距，且由于我国工业建筑常常出现增容扩载及超限超载使用，因此既有工业建筑的诊治需求比国外更为突出，诊治复杂性和难度远超于发达国家，可借鉴成果少，急需系统、高效的结构诊治技术。

2. 工业建筑结构诊治关键技术研究

面对大规模的工业建筑结构诊治需求，几十年来我国在工业建筑结构诊治技术的研究与应用上取得了较快的发展，形成了系列的工业建筑结构诊治关键技术，包括结构可靠性鉴定评估技术、混凝土结构耐久性评估和修复技术、纤维增强复合材料加固技术、钢吊车梁疲劳寿命评估和加固技术、火灾后结构鉴定评估技术、工业管网生命线诊治技术、核电站安全壳结构检测及安全评估技术等。下面对其中几种典型技术，特别是以中冶建筑研究总院为核心的团队所取得的主要研究成果予以简要介绍。

2.1 工业建筑结构可靠性鉴定评估技术

结构的可靠性是其在规定的时间内，在规定的条件下，完成预定功能的能力。既有工业建筑经过一段时间使用或达到设计使用年限拟继续使用、用途或使用环境改变、改造增容或扩建、存在较为严重的质量缺陷或出现较为严重的损伤、遭受灾害或事故等，需要对其进行可靠性检测鉴定。工业建筑结构可靠性鉴定的目的是全面、准确地掌握工业建筑的性能、状况和所承受的各种作用，准确评价其可靠度水平，为工业建筑的使用、管理提供技术依据。

早期的工业建筑可靠性鉴定评估一般依靠专家的个人经验，难以进行系统的量化评定。《钢铁工业建（构）筑物可靠性鉴定规程》YBJ 219—89 和《工业厂房可靠性鉴定标准》GBJ 144—90 对工业厂房的鉴定程序、分层分级评定方法和评级标准作出了较为明确的规定。之后通过对我国数百例工业建筑破坏及倒塌事故进行了专项研究，对不同时期工业建筑结构的可靠度进行校核分析，提出了基于可靠指标的分级标准，建立了以构件、结构子系统和鉴定单元为对象的三层次可靠性评定方法，实现了结构可靠性的量化评定，修订出台《工业建筑可靠性鉴定标准》GB 50144—2008，该标准是我国首部结构鉴定领域的国家标准，成为工业建筑结构诊治统一遵循的指导性文件。表1列出了工业建筑可靠性鉴定评级的层次、等级划分及项目内容。对工业建筑结构进行可靠性鉴定的程序如图2所示。

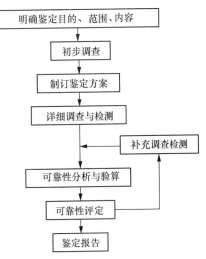

图 2　工业建筑可靠性鉴定程序
Fig. 2　Program of appraisal of reliability of industrial buildings

层次	I			II		III
层名	鉴定单元			结构子系统		构件
可靠性鉴定	可靠性等级	一、二、三、四	安全性评定	等级	A、B、C、D	a、b、c、d
	建筑物整体或某一区段			地基基础	地基变形、斜坡稳定性	—
					承载力	—
				上部承重结构	整体性	—
					承载功能	承载能力 构造和连接
				围护结构	承载功能 构造连接	—
			正常使用性评定	等级	A、B、C	a、b、c
				地基基础	影响上部结构正常使用的地基变形	—
				上部承重结构	使用状况	变形 裂缝 缺陷、损伤 腐蚀
					水平位移	—
				围护系统	功能与状况	—

2.2 工业环境下混凝土结构耐久性评估与修复技术

由于高温、潮湿、腐蚀等不利生产环境的影响，工业建、构筑物混凝土结构耐久性问题非常突出，大量在役工业建筑混凝土结构钢筋锈蚀、混凝土劣化严重，如图 3 所示。调查发现，许多混凝土结构厂房服役不久，有的 5 到 10 年即开始出现耐久性破坏，使用寿命远小于设计使用年限。已有相当多的老旧混凝土结构厂房经过多次维修、改造和加固，有的已经拆除。相比之下，民用建筑耐久性问题容易在早期暴露，而工业建筑受使用条件

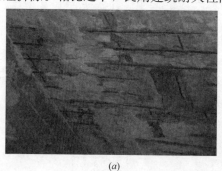

(a)　　　　　　　　　　　　　　　(b)

图 3　工业建筑耐久性损伤

Fig. 3　Durability failure of industrial buildings

(a) 某工业建筑楼板钢筋锈蚀；(b) 某厂房框架柱严重老化

所限，耐久性问题早期不易显露，缺陷、隐患一般存在较大的隐蔽性，一旦发现多已进入钢筋严重锈蚀阶段。与水工、桥隧结构相比，工业建筑结构构件截面相对较小，耐久性问题危害更大。因此，典型工业环境下混凝土结构耐久性更具特殊性。

通过对冶金、机械、建材、轻工等千余项工业建筑进行了全面调研和检测，以及大量锈蚀钢筋、锈损构件的试验研究，揭示了钢筋锈蚀的破坏特征及其性能变化规律，提出了钢筋锈蚀程度判别准则及评估方法，确定了锈损钢筋的屈服强度和极限强度计算方法；明确了工业建筑混凝土结构损伤类型及影响因素，研究了钢筋锈蚀后构件的受力性能和破坏形态，建立了锈损混凝土构件承载力计算方法，从而建立了较完整的工业建筑混凝土结构耐久性评定体系，相关成果纳入《混凝土结构耐久性评定标准》CECS220:2007。

根据耐久性评定结果，选择高效的修复材料，采用合理的修复方案和严格的修复工艺，可以大大提高结构耐久性能，延长其使用寿命。耐久性修复材料主要包括钢筋阻锈防护材料、界面处理材料、混凝土劣化修补材料及表面防护材料等，形成综合配套耐久性修复技术。

2.3 纤维增强复合材料加固技术

由于工业生产连续性等特殊要求，迫切需要高效便捷的加固方法。纤维增强复合材料（简称复材或 FRP）具有轻质高强、耐腐蚀、施工方便、适用面广等优点，近年来在土木工程中得到了广泛的应用。其中，外贴片材加固即是一种有代表性的新型加固技术，将纤维布或复材板通过配套树脂材料粘贴在混凝土表面承受拉力，可以有效改善构件的受力性能。

复材加固技术的研究始于瑞士联邦材料实验室，1984 年即进行了碳纤维复材板加固钢筋混凝土梁的试验。1996 年国家"九五"重点科技攻关课题"碳纤维材料加固修补混凝土结构试验研究开发与应用示范"立项，我国正式开始对该项新技术进行研究，迅速成为土木工程领域的研究热点。从材料性能、界面粘结性能、受弯加固、受剪加固、约束混凝土、抗震加固等方面，都涌现出了大批高水平的研究成果。1998 年 4 月在北京完成首例工程应用，之后迅速在工业建筑、民用建筑、桥梁隧道等领域推广应用，成为普遍采用的加固方法之一。2003 年《碳纤维片材加固混凝土结构技术规程》CECS146:2003 正式出台，是该领域我国首部技术标准，之后又出台了国家标准《纤维增强复合材料建设工程应用技术规范》GB 50608—2010 和《纤维片材加固修复结构用粘结树脂》JG/T 166—2004、《结构加固修复用碳纤维片材》GB/T 21490—2008、《结构加固修复用芳纶布》

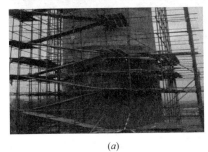
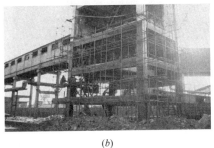

(a) $\qquad\qquad\qquad\qquad\qquad\qquad\qquad\qquad$ (b)

图 4　复材加固工业建筑

Fig. 4　FRP strengthening for industrial buildings

（a）某钢铁企业烟囱加固；（b）某钢铁企业通廊加固

GB/T 21491—2008、《结构加固修复用玻璃纤维片材》GB/T 26744—2011、《结构加固修复用玄武岩纤维复合材料》GB/T 26745—2011 等多部产品标准，建立了较为完善的复材加固技术标准体系。

除了用于混凝土结构的加固外，外贴片材加固也可以用于砌体结构、木结构和钢结构的加固。此外，继外贴片材加固技术推广应用后，复材网格加固、嵌入式复材加固法等新型加固技术也因更好的抗火性能、抗冲击性能和耐久性等优点、近年来引起较多的关注，相应的试验研究、理论分析和工程应用相继展开。

2.4 钢吊车梁疲劳评估及加固技术

吊车梁是工业厂房的重要组成部分，吊车梁能否正常工作直接影响着生产的正常进行。吊车梁一旦出现问题，会造成整个生产线的停产，造成重大经济损失，并可能产生严重的次生灾害。由于吊车运行频繁、吊车梁受力复杂、存在焊接初始缺陷等，容易引起钢吊车梁的疲劳损伤。在近年来的冶金工业厂房使用情况调查与可靠性鉴定中发现，钢吊车梁存在着严重的疲劳损伤现象，特别是重级、特重级工作制的吊车梁，很多未达到设计使用年限就产生早期破坏，造成事故隐患。由于吊车梁位于高空，正常生产情况下很难检测到疲劳损伤，而疲劳破坏属于脆性破坏，具有突然性，因此，对钢吊车梁进行疲劳评估，科学预测在役吊车梁的剩余寿命是工程中的迫切需求，具有十分重要的意义。

在大量试验和现场动测基础上，建立了短时动测荷载谱与长期荷载特性之间的关系，确定了关键的时间效应系数，提出了基于实测应力幅及运行频率的疲劳寿命评估定量评估方法。圆弧过渡式及直角突变式是使用较多的两种特殊变截面吊车梁，端部疲劳问题突出，我国钢结构设计规范中尚无其疲劳强度及疲劳性能数据及公式。针对此两类钢吊车梁开展了专项研究，建立了该两类吊车梁最大主应力公式和S—N曲线，确定了关键技术参数，也实现了疲劳寿命的定量评估。相关成果纳入《工业建筑可靠性鉴定标准》GB 50144—2008。

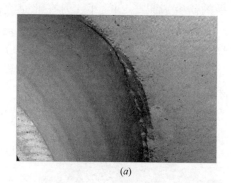 

(a)　　　　　　　　　　　　　(b)

图 5　钢吊车梁疲劳试验

Fig. 5　Fatigue tests of steel crane beams

(a) 吊车梁圆弧端疲劳裂缝；(b) 吊车梁疲劳性能试验研究

传统的钢吊车梁加固方法主要有钢板焊接、螺栓连接、铆接或者粘接，这些方法存在一些缺点，如产生新的损伤、产生焊接残余应力、施工周期长等。近年来进行的一系列试验研究，包括碳纤维复材加固含裂纹钢板的疲劳试验、加固焊接小试件疲劳试验、加固工字型钢梁的疲劳试验、加固圆弧端支座钢吊车梁疲劳试验、加固直角突变式钢吊车梁的疲劳试验等，均显示出碳纤维复材对钢结构疲劳加固具有很好的加固效果，可以有效地改善钢吊车梁的疲劳性能，延缓疲劳裂纹的扩展，提高其疲劳寿命，从而提高其安全性和耐久性。2002年某大型钢铁企业440吨钢吊车梁出现疲劳损伤，采用粘贴碳纤维布对其进行了疲劳加固，该项目是国际上首例使用碳纤维复材对钢吊车梁疲劳加固的工程实例。至今历经十余年的使用，加固后的钢吊车梁使用状况良好，经受了考验。

3. 标准规范

3.1 国外发展现状

从结构工程标准体系看，国际上主要分为欧洲、美国、日本、俄罗斯等体系，但都没有针对工业建筑结构诊治的专门体系，国际上最主要的指导性文件是国际标准《结构可靠性总原则》ISO 2394和《结构设计基础—既有结构的评定》ISO 13822，对既有结构的可靠性评定进行统一规定，但没有专门针对既有工业建筑诊治的技术标准或规范。表2列出了国外从事工业建筑结构诊治技术相关研究的主要机构。

国外从事工业建筑诊治技术相关研究的主要机构　表2
Foreign institutes engaged in researching diagnosis and rehabilitation of industrial buildings　Table 2

机构名称	相关研究内容	相关研究成果及应用情况
国际材料与结构试验研究联合会（RILEM）	混凝土结构寿命计算	《混凝土结构寿命设计计算方法》，得到广泛应用
美国Bottelle研究院	等效结构应力，主S-N曲线，焊接结构疲劳强度	Verity理论，2007年引入ASME标准
德国隔而固公司（GERB Schwingungsisolierungen GmbH & Co.）	振动控制技术研究及减隔震设备开发	弹簧、TMD、橡胶支座、隔震支座，世界范围内广泛使用
英国遗产局（England Heritage）	工业建筑遗产	工业建构筑物的认定导则，在英国工业遗产保护与再利用领域广泛应用

3.2 我国工业建筑诊治相关标准规范

经过多年的努力和成果积累，目前，我国已基本建立了工业建筑结构诊治标准体系，覆盖了工业建筑结构诊治的主要技术领域，表3列出了其中有代表性的标准规范，包括检测标准、鉴定评估标准、加固修复标准几个方面。

我国工业建筑结构诊治相关标准　表3
Technical standards for diagnosis and rehabilitation of industrial buildings　Table 3

标准分类	标准编号	标准名称
检测标准	GB/T 50344—2004 GB/T 50784—2013	建筑结构检测技术标准 混凝土结构现场检测技术标准

标准分类	标准编号	标准名称
检测标准	JGJ/T 23—2011	回弹法检测混凝土抗压强度技术规程
	CECS 02：2005	超声回弹综合法检测混凝土强度技术规程
	CECS 03：2007	钻芯法检测混凝土强度技术规程
	GB/T 11345—2013	焊缝无损检测超声检测技术、检测等级和评定
	GB 50661—2011	钢结构焊接规范
	JG/T 203—2007	钢结构超声波探伤及质量分级法
	GB/T 50315—2011	砌体结构现场检测技术标准
	NB/T 20017—2010	压水堆核电厂安全壳结构整体性试验
	NB/T 20018—2010	核电厂安全壳密封性试验
鉴定评估标准	GB 50144—2008	工业建筑可靠性鉴定标准
	GB 51056—2014	烟囱可靠性鉴定标准
	CECS252：2009	火灾后建筑结构鉴定标准
	CECS220：2007	混凝土结构耐久性评定标准
	GB 50023—2009	建筑抗震鉴定标准
	GB 50117—2014	构筑物抗震鉴定标准
	YB/T 9260—1998	冶金工业设备抗震鉴定标准
	YSJ 009—1990	机器动荷载作用下建筑物承重结构的振动计算和隔振设计规程
加固修复标准	GB 50608—2010	纤维增强复合材料建设工程应用技术规范
	GB 50367—2013	混凝土结构加固设计规范
	JGJ 116—2009	建筑抗震加固技术规程
	JGJ/T 259—2012	混凝土结构耐久性修复与防护技术规程
	CECS 146：2007	碳纤维片材加固混凝土技术规程
	CECS 161：2004	喷射混凝土加固技术规程
	CECS 269：2010	灾损建（构）筑物处理技术规范
	CECS 225：2007	建筑物移位纠倾增层改造技术规范
	YB 9257—1996	钢结构检测评定及加固技术规程

工业建筑诊治技术已广泛应用于冶金、机械、石化、有色、电力、煤炭、核电等各个工业行业的各类工业建构筑物中，保障了安全生产，避免了重大事故的发生，提升了结构性能，延长使用寿命，创造了巨大的经济效益与社会效益。

4. 需解决的问题及发展方向

4.1 存在的问题

我国既有工业建筑存量巨大，但建造年代跨度较大，结构形式和功能多样，使用环境和作用复杂，受我国以前建设管理体系条块分割的影响，各行业相对独立、封闭，缺乏统一的设计标准。工业建筑诊治有其特殊性与复杂性，工业建筑诊治基础理论与应用技术研究严重不足，虽然已经形成了基本的评定体系和专有技术，但仍十分依赖相关的设计规范和相关设计技术发展水平，从专业技术水平上还有很大提升的空间，技术范畴还有很大扩展的余地。主要体现在：

（1）诊治技术覆盖面需要进一步扩展，逐步建立并完善根据工业建筑分类和功能、结构特性为代表的分类清晰、体系完整的诊治技术体系。

（2）工业建筑诊治基础理论研究有待加强。新型工业建筑形式层出不穷，朝着大跨、超高、超重载、超振动、模块化、多因素耦合等方面发展，需要解决工业建筑发展中不断出现的理论问题。

（3）需要更加智能、实时、非接触、远程传输的检测监测手段，实现高效、快速、准确的诊治，建立灾害实时预测报警系统，对重要工业建筑实现实时监测。

（4）工业建筑诊治应用技术还需要进一步完善，如基于动态可靠度的钢结构疲劳评估、工业建筑锈损钢结构检测与评定等。

（5）需要实现绿色化、工业化、一体化的加固改造技术。

4.2 解决途径

针对上述问题，建议从以下几个方面入手加以解决：

（1）提高对工业建筑研究的关注度

工业建筑的技术进步已远远落后于民用建筑，在现有高校、研究机构中应大力推进工业建筑相关研究，在国家相关研究项目中给予工业建筑充分的重视，加大科技投入，培养科技人才。

（2）建立沟通、共享、协同平台

工业设计中往往由工艺主导，建筑及结构设计属于辅助专业，得不到应有的重视，行业单位之间缺少协作，造成了技术进步的迟缓。应加强工业领域各研究、设计单位之间的协作攻关。

（3）充分利用互联网、信息化技术发展，推动技术进步

建立工业建筑大数据平台，加强远程监控、智能诊断技术研究，完善诊治技术，提高诊治水平和效率。

（4）结合重点需求，形成有针对性的技术体系

着重解决新出现的新结构形式、新体系所带来的新问题，开发结构诊治、节能改造新应用材料及技术，如绿色高效维护结构体系及节能评价技术、既有工业建筑非工业化改造再利用技术等。

4.3 主要研究方向

针对我国工业建筑结构诊治技术发展现状，建议深入开展以下几个方面的研究工作，从而建立完善的工业建筑诊治技术体系，保障工业安全生产，有效地延长既有工业建筑的使用寿命，提升其性能并高效利用。

4.3.1 典型工业环境下结构服役性能评价指标体系及体系可靠度

工业建筑承受各种复杂环境作用，例如吊车荷载、积灰荷载、楼面活荷载等作用，同时结构的性能也随着服役期的延长逐步退化，结构服役过程中的可靠度水平变化也是随着结构所受的作用及抗力性能衰退变化的，需要对工业建筑结构体系可靠度准确评价。因此，进行既有工业建筑结构可靠度评定基础理论研究，对于工业建筑结构的安全性、经济性、耐久性以及科学管理都有非常重要的现实意义。

（1）复杂环境下工业建筑作用的概率模型

针对工业建筑承受的各种复杂环境作用，建立系统描述作用随机变化规律的概率模型，建立适用于工业建筑复杂环境作用的模型参数小样本推断方法，分别建立吊车荷载、积灰荷载、楼面活荷载等典型工业建筑荷载的概率模型，并确定相应的统计参数，全面解决工业建筑复杂环境作用的建模问题。

（2）工业建筑结构时变可靠度

对工业建筑荷载作用和构件抗力随时间变化的机理进行研究，考虑抗力性能和荷载作用随时间变化的规律，建立基于随机过程理论的时变可靠度模型。在既有工业建筑混凝土结构和钢结构耐久性研究的基础上，提出工业建筑复杂环境下基于时变可靠度的结构构件耐久性评估方法。

（3）工业建筑结构疲劳可靠度

建立复杂环境作用下工业建筑结构疲劳性能衰退的分析模型，发展结构及其关键构件疲劳性能衰退的仿真分析方法；揭示环境参数变化和随机性因素对结构疲劳性能指标的影响，确保在复杂环境参数下能够准确识别结构疲劳状态；获得工业建筑结构疲劳损伤累积规律，发展工业建筑疲劳状态评估和寿命可靠性预测理论与分析方法。

（4）复杂环境下工业建筑结构体系可靠度评定

分析工业建筑结构从构件到结构系统的可靠度，研究复杂环境下基于性能的既有工业建筑体系可靠度鉴定评估方法；分析工业建筑结构不同失效模式的可靠度，研究工业建筑结构动态可靠度变化规律，构建既有工业建筑服役性能评价指标体系，提出工业建筑结构体系可靠度评定方法。

4.3.2 典型工业环境结构性能退化机理、灾害损伤机理及评估

（1）工业建筑混凝土结构耐久性退化模型及寿命评估

从工业建筑环境特征分析入手，研究工业建筑混凝土结构耐久性环境指标体系与分类；研究混凝土在高温、高湿与强腐蚀气体工业环境多因素耦合作用下的性能退化机理与规律；根据工业环境中混凝土结构的重要性、类型及环境条件，通过专家调查，对工业环境下混凝土结构的耐久性失效状态进行界定；考虑耐久性损伤引起的结构性能退化，采用概率方法提出基于性能的工业建筑混凝土结构耐久性评估方法。

（2）锈损钢结构性能退化机理及安全评定

研发基于图像识别的涂层老化检测技术，提出工业建筑钢结构涂层服役寿命预测方法；研发工业建筑钢结构锈蚀测试技术，提出工业建筑钢结构锈损程度评价指标和预测模型；研究典型工业环境钢材性能劣化规律；研究焊接连接节点焊缝、热影响区、母材在工业环境中的锈蚀规律，揭示工业建筑锈损焊接节点承载性能退化机理，提出典型工业环境锈损焊接节点承载性能评定方法；研究典型工业环境锈损钢结构疲劳性能和疲劳寿命评估方法。

（3）工业建筑火灾后灾损评估技术

研究基于工业建筑特点的火灾蔓延规律，实现火灾时空趋势预测和预警控制；研究既有工业建筑耦合火灾影响的人员智能疏散和动态诱导控制技术，提高疏散效率以保障人员和设备安全；研究火灾后既有工业建筑现场检测技术，为相关鉴定标准提供可操作性强的检测手段；研究火灾后既有工业建筑典型受力构件的截面温度场分布特点和力学性能变化

规律，建立基于数值模拟的火灾后精细化评估方法。

（4）工业建筑结构振动评估技术和标准

研究工业厂房中复杂振源识别方法及其传播特性和衰减规律；研究既有工业建筑结构与设备耦合振动下既有工业建筑有限元精细模拟方法；提出设备振动对工业建筑动力基础、设备平台、楼板等结构构件的功能性分析评估方法，从而建立设备振动对既有工业建筑结构性能影响的评估方法和标准。

4.3.3 既有工业建筑结构性能提升关键技术

（1）典型工业环境混凝土结构耐久性修复技术

研发针对典型工业环境的混凝土结构耐久性修复技术，对工业环境混凝土结构修复后的力学性能和耐久性能进行评价。对修复区域材料强度和构件修复后承载能力等力学性能进行评估，并对工业环境混凝土结构修复后的抗渗透性能和抗侵蚀性能等修复效果进行评价。

（2）钢吊车梁疲劳成套加固技术

根据钢吊车梁的不同分类及不同疲劳敏感区域研究相关加固技术的适用性，如焊接加固、高强螺栓加固、铆接或者粘结加固、碳纤维加固、预应力加固等，给出实用的加固方法选择原则及操作工艺。

（3）既有工业建筑振动控制技术

对比研究既有工业建筑主动、被动减隔振措施，对隔振后既有工业建筑及设备的振动响应进行评估，并确定措施性能优化配置方案，根据振源情况和振动允许标准，合理且有效地选用各种振动环境控制处理技术。

（4）既有工业建筑绿色高效围护结构体系

分析总结工业建筑围护系统的绿色性能特性，研究不同围护系统构造的传热机理，提出不同类型和气候区工业建筑绿色节能围护系统保温、隔热和通风的优化设计方法；提出工业建筑围护系统节能和绿色综合评价方法，围护系统绿色改造的关键技术。

4.3.4 既有工业建筑非工业化改造再利用关键技术

随着经济发展和城镇化建设的推进，城市范围不断扩大，大量工业企业搬迁退出新城市的核心区，对于既有工业建筑，不提倡"大拆大建，推倒重来"的模式，将会出现相当数量的工业建筑转型与改造，实现合理的重新再利用。特别是针对工业遗产价值突出的既有工业建筑资源，更需要找到保护和合理开发再利用的平衡点。

（1）建立我国既有工业建筑资源全寿命周期的综合评价体系

针对老工业基地搬迁后遗留下来的既有工业建筑，建立完善的调查流程和方法，为既有工业建筑功能提升和改造利用提供科学决策的依据。对于有历史文化、艺术审美、科学技术、社会情感和经济利用价值的工业建筑，建立价值评价体系，遗产价值突出的工业建筑应纳入文物或优秀历史建筑进行保护、展示或适宜性再利用。空间利用价值突出的既有工业建筑，应根据城市和周边环境的需求，策划新的使用功能，对既有工业建筑的非工业化改造的适应性、合理性进行综合分析。

（2）既有工业建筑非工业化改造功能转换、性能提升模式及改造技术

按照既有工业建筑的结构形式、服役年限等分类，提出既有工业建筑非工业化改造结构诊治方法和技术措施。研究既有工业建筑非工业化改造功能转换与性能提升的模式类

型、操作途径和设计方法。既有工业建筑使用功能的改变有可能导致荷载增加、空间调整甚至结构体系改变，非工业化改造需要依据使用功能与相关规范的要求，进行必要的加固和改造。通过对加固改造修复等关键技术进行研发和集成，建立既有工业建筑非工业化改造关键技术体系。

4.3.5 大数据平台建设及远程监控、智能诊断关键技术

（1）建立既有工业建筑大数据平台

搜集典型工业行业及区域工业建筑的建筑、结构、设备图纸信息及改造信息，生成相关工业建筑的诊治档案数据。根据数字信息的类别与重要程度，利用大数据分析工具对工业建筑结构诊断相关数据进行特征提取和汇集融合，建成基于公有云并具备集成、存储、管理、挖掘等功能的开放式工业建筑诊治大数据平台。

（2）远程监测及智能预警技术

基于光纤感知、数字图像处理识别与测量、多参数远程实时传输和存储系统等信息技术的应用，实时监测工业建筑结构安全状况，实现复杂混凝土表面裂缝与钢结构疲劳裂缝的识别，同时对重要结构、构件的倾斜变形及下挠变形进行识别与测量，建立结构裂缝与变形的长期观测与预警系统。挖掘提取异常信息，发现结构隐患，并对受损构件危险状态进行识别、评估、处置安全风险，综合给出结构诊治的应急预案，实现工业建筑结构可靠性与耐久性的智能诊治。

我国工业建筑保有量不断增多，预计十年后将超过 100 亿 m^2，且使用年限也会不断延长。随着经济的快速发展和城市更新建设，我国工业领域也面临着功能调整和升级，对既有工业建筑的检测鉴定和加固改造等需求量会不断增大，结构诊治领域发展前景广阔。

参考文献

[1] 国家统计局固定资产投资统计司. 中国建筑业统计年鉴. 北京：中国统计出版社.

[2] GB 50144—2008. 工业建筑可靠性鉴定标准. 北京：中国计划出版社.

[3] 林志伸. 工业建筑可靠性鉴定标准的编制及有关可靠性尺度问题. 中国土木工程学会桥梁及结构工程学会结构可靠度委员会全国第二届学术交流会议论文集. 1989：448-455.

[4] 惠云玲，常好诵，弓俊青，等. 工业建筑结构全寿命管理、可靠性鉴定及实例. 北京：中国建筑工业出版社，2011.

[5] 惠云玲. 混凝土结构中钢筋锈蚀程度评估和预测试验研究. 工业建筑，1997，27(6)：6-9.

[6] 惠云玲，李荣，林志伸，等. 混凝土基本构件钢筋锈蚀前后性能试验研究. 工业建筑，1997，27(6)：14-18.

[7] 牛荻涛，王艳，连晖. 工业厂房耐久性评定及剩余寿命预测. 工业建筑，2010，40(6)：40-44.

[8] CECS 220：2007. 混凝土结构耐久性评定标准. 北京：中国建筑工业出版社.

[9] 郭小华，惠云玲，王玲. 锈损混凝土结构耐久性修复综合技术研究. 第八届全国混凝土耐久性学术交流会论文集，2012：332-338.

[10] 岳清端. 我国碳纤维(CFRP)加固修复技术研究应用现状与展望. 工业建筑，2000，30(10)：23-26.

[11] GB 50608—2010. 纤维增强复合材料建设工程应用技术规范. 北京：中国计划出版社.

[12] 李荣，滕锦光，岳清瑞. FRP 材料加固混凝土结构应用的新领域—嵌入式(NSM)加固法. 工业建筑，2004，34(4)：5-10.

［13］ 刘宗全，岳清瑞，李荣，等. FRP 网格材在土木工程中的应用. 第九届全国建设工程 FRP 应用学术交流会论文集. 2015:102-106.

［14］ 幸坤涛，佟晓利，岳清瑞. 吊车荷载作用下钢结构吊车梁的疲劳可靠寿命评估. 计算力学学报. 2004.21(5):636-640.

［15］ 郑云，叶列平，岳清瑞. FRP 加固钢结构的研究进展. 工业建筑，2005，35(8):20-25.

结构振动控制与标准体系 *

徐 建，曹雪生

（中国机械工业集团有限公司，北京 100080）

摘 要：本文针对我国结构工程发展的需要，在振动控制技术领域进行了理论研究和工程实践，建立了结构工程振动控制基础性技术理论、并建立了振动控制成套技术，取得的一系列成果得到了广泛的应用，显著提升了我国结构工程振动控制技术水平。

关键词：结构工程；振动控制；标准体系

振动在工业工程中普遍存在，工业工程振动控制是基于土木工程的多专业综合技术，是工业装备正常运行和环境保护的重要技术保障。航空航天、国防军工高端装备的装调检测环境，电子信息、精密加工生产运行环境，电力工程、机械工程等大型装备的正常运行和对环境影响等都需要提供振动控制技术保障。

1. 工业工程基础性技术理论

在工业工程中，振动在地基基础、建筑结构、工业装备等构成的系统中传递机理极为复杂（图 1），振动精细化分析和有效控制是技术的关键。本文针对振动控制中的输入、

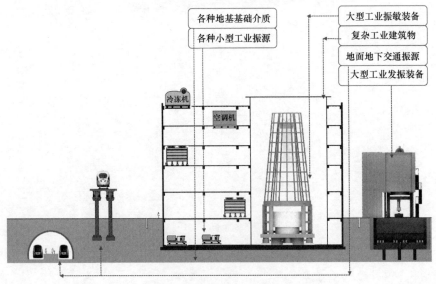

图 1　工业工程振动源与设备的关系示意图

---

* 　参加本项目研究的还有：尹学军、陈骝、俞渭雄、王伟强、娄宇、万叶青、黄尽才、高星亮、邵晓岩等。

分析和评价的难题，进行了三个方面的研究。

1.1 振动荷载精确量化及其传递规律

工业工程振动荷载构成复杂、频带覆盖宽、幅域跨度大，在工程设计过程中荷载难以准确量化。通过对典型装备工作机理研究和数十万组测试数据的分析，建立了振动荷载计算数学模型和量化方法，提出了振源激励等效量化技术，确立了工业装备振动控制精细化设计方法，建立了集测试方法、设计指标和容许标准等技术为一体的振动控制评价体系。

荷载精确量化方法是基于大量实测振动数据，通过研究装备振动响应机理，进行数值和试验模拟，并对结果进行对比、验证和分析，对系列荷载进行了精确量化。

精密装备的振动容许指标极为严格，系统较为复杂，往往输入荷载的微小变化会引起振动响应产生较大的误差，输入荷载的不确定性会在计算结果中得到严重放大，严重影响分析和设计的精准性。通过对输入荷载的不确定性进行测试和分析，不同工况组合计算，对装备的响应结果进行综合考量，得出其最大值包络曲线，并以该包络曲线进行反推获取精密装备的最不利荷载。在利用该方法时，对于多工况下统计的数据，采用以指数函数为基底的滑动拟合方法（式1），考虑了不同频段装备响应的特征，得到的荷载的包络曲线具有较好的振源涵盖性（图2）。

$$A_k = \frac{1}{M - \frac{3N}{4} - 1} \sum_{m=1}^{M-\frac{3N}{4}-1} \left\{ \frac{1}{N} \sum_{i=(m-1)\frac{N}{4}}^{(M-1)\frac{N}{4}+N-1} x_i \cos \frac{2\pi \left[i - (m-1)\frac{N}{4} \right] k}{N} \right\}$$

$$+ \frac{1}{N} \sum_{i=(m-1)\frac{N}{4}}^{(M-1)\frac{N}{4}+N-1} x_i \cos \frac{2\pi \left[i - (m-1)\frac{N}{4} \right] k}{N} \tag{1}$$

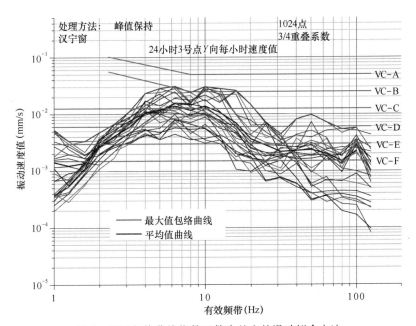

图 2 基于包络曲线指数函数为基底的滑动拟合方法

大型回转装备中的汽轮发电机组，轴系长达数十米、重量达上百吨，影响扰力的因素很多，其中动平衡等级关系最为相关，在国内外各种荷载等效定量方法调研的基础上，提出了扰力与动平衡等级相关的等效定量方法（式2）。较准确地反映了装备的回转扰力，与实测结果吻合较好。

$$P_{oi} = (W_{gi}/g) \times (G \times \omega) \times (\Omega/\omega)^2 \tag{2}$$

针对大型冲击装备提出多动力参数瞬态等效分析方法，根据能量守恒原理，将大型冲击装备的冲击激励等效为形式简单、可以量化、效能相近、易于使用的荷载时程曲线，该方法经过对实际工程的计算和测试结果对比验证，认为是可靠有效的。

提出了复杂振源有效辨识分析方法，针对复杂振源振动控制工程，通过统计、实测和模拟的方法对单一振源建立了频域特征数据库，利用数值和试验模拟建立了不同振动控制系统的模型动力参数数据库，建立了实际工程中装备频响特征参数数据库，利用三种数据库对未知的复杂振源进行比较和分析，并逐一辨识出主要振源和次要振源，以应用于振动控制工程设计。

为解决工业工程振动控制理论分析和应用中存在的难题，通过对振动在工业工程介质中传递规律的分析研究，提出了基于振动在工程介质中传递规律的工业振动控制分析方法，建立了工业装备与环境振动相互影响分析技术，其研究成果主编了国家标准《工业建筑振动荷载规范》。

1.2 复杂激励下多元振动控制理论分析方法

工业工程振动具有多元特征，需针对振源、传递路径、控制装置等采用多道防线控制，由于工业工程的准确性特征，要求必须进行精细化分析，在振动控制中针对不同对象、不同阶段、不同要求进行精准的模型建立、精细的计算分析、有效的振动控制。

针对上述特征，本文提出了多元振动控制精细化分析方法，在进行多元振动控制分析过程中，由于振源和受振动装备之间距离有远有近、振动幅值和容许值有大有小、控制技术有粗有精，为了实现较为精确的振动控制目标，采取了多元振动精细化分析方法和振动传递函数相似性原理（式3和式4）。

$$KX = F \approx \sum_{i=1}^{N} \widetilde{K}_{i,j} X_{i,j}(\omega_j) \tag{3}$$

$$\widetilde{K}_{i,j} = K_{i,j} + K_{i,j}^{B} \tag{4}$$

结构与装备的振动控制需要多尺度分析、一体化计算，多尺度分析是指在同一振动控制工程中，针对结构、装备等之间存在多个量级的几何尺度问题进行的分析。一体化计算方法是指在同一振动控制工程中，除针对振动控制系统外，还考虑装备自身动力特征、装备运行使用工况、周边振动环境变化等影响因素而进行的振动控制计算。多尺度分析的作用是提供复杂振动控制工程数值建模分析，一体化计算方法是提供更全面、更有效的辅助设计工具（图3）。

在精细化分析计算中，采用了振动传递函数相似性原理分析方法（图4）。精细化建模分析中的难题是如何保证不同尺度模型之间边界条件的准确性，通过利用已建工程实测数据，结合数值模拟分析，建立局部结构传递函数相似模型数据库，并利用其对拟建工程数值模型进行修正，保证了边界条件具有较高的真实性和准确性。利用结构相似的特征，基于传递函数频域计算原理，建立了已建和拟建工程之间传递相似理论（式5），解决了精细化建模分析中边界条件确定技术难题，研究成果已成功应用于数十项振动控制工程。

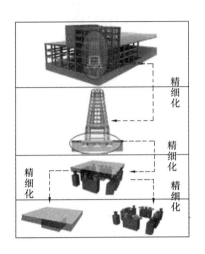

图3 工业工程振动控制多尺度
分析示意图

图4 振动传递函数相似性原理分析
方法示意图

$$R_{\mathrm{B}}^{\mathrm{b,r}}(\omega_j) = R_{\mathrm{B}}^{\mathrm{h,f}}(\omega_j) \cdot K \frac{\sum\limits_{i=1}^{N} F_i^{\mathrm{h,r}}(\omega_j) T_{\mathrm{A},i}^{\mathrm{h}}(\omega_j)}{I_i^{\mathrm{h,f}}(\omega_j) T_{\mathrm{A,A}}^{\mathrm{h}}(\omega_j)} \qquad (5)$$

$$= R_{\mathrm{B}}^{\mathrm{h,f}}(\omega_j) \cdot K \frac{R_{\mathrm{A}}^{\mathrm{h,r}}(\omega_j)}{R_{\mathrm{A}}^{\mathrm{h,f}}(\omega_j)}$$

1.3 工业装备振动控制指标

振动控制指标的准确性，是保证振动控制能否达到预期效果的关键，以往一些标准提出的控制指标部分不合理，不全面、容易被误用。本文在统计研究方面，提出了主分量和独立分量信号关联分析方法，提出了非确定参数特征值和响应标准差分析法，建立了大型装备动态相干谱能量评估方法。在理论研究方面，提出频响曲线最小二乘拟合分析方法、精密装备交换重叠系数评估方法以及考虑非线性插值数据分析方法。在试验研究方面，提出城市复杂振源场地衰减微振动监测技术、舰艇管道声阻抗试验振动测试技术以及核电厂大型回转装备试验技术。

在一系列研究基础上，提出了科学的控制指标确定方法，振动控制指标的取值和评价准则，建立了控制指标体系，主编了国家标准《隔振设计规范》、《建筑工程容许振动标准》，为振动控制技术的应用提供了理论依据。

2. 精密装备振动控制成套技术

精密装备的振动控制具有低频、微幅、复杂的特点，这是振动控制的难点，本项目通过理论研究和工程实践，建立了精密装备振动控制成套技术。

2.1 建立了稳定模态低频振动控制技术

对于振动控制而言，控制的自由度数越少，控制体系的频率越低，越有利于控制效果的体现。为了减少振动控制自由度数量，提出了三向质刚重合设计原理（图5），即通过振动控制系统质量和刚度中心偏移对动力特性的影响分析，采用合理有效的刚性平台选型、控制装置配置、元件参数匹配等方法，实现了系统的三个方向质量和刚度中心重合。提出了主贡献振型参数定向优化技术，通过对影响低频振动控制系统动力特性进行灵敏度优化分析，对主要低频模态控制参数进行辨识，采用调整和优化的控制参数，使主贡献振型对应的频率进一步集中在某个区域，且整体对应频带产生前移，实现了振动控制系统主贡献振型压缩前移的目标。

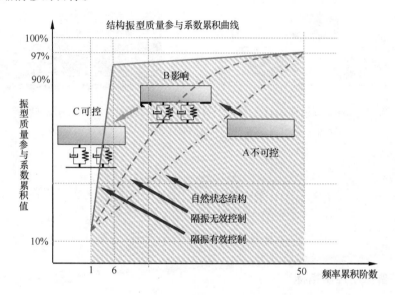

图5　三向质刚重合技术基本原理示意图

为了准确实现上述设计思想，研发了高灵敏度自动跟踪调平控制装置（图6和图7）。当精密装备振动控制系统在质心偏移时，系统刚心自动跟踪质心，达到系统精密调平，该装置具有反应速度快，调平精度高的特点，调平精度达0.1mm，调平时间低于6s。

图6　高灵敏度精密装备气浮工程图示

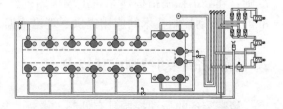

图7　高灵敏自动跟踪装置图示及系统轴测图

2.2 复杂振动系统一体化控制技术

超长型和高耸型精密装备对低频振动极为敏感，扭转影响和鞭梢效应十分明显。

超长装备中扭转振型参振比例较高的主要原因，一是长细比较大，二是装备形状、质量、刚度分布不均匀，通过对超长装备的动力影响参数分析，提出了基于蚁群智能算法的振动控制装置动态配置技术，利用智能优化方法实现了根据不同工况下系统的控制装备优化配置，改善了超长装备振动控制系统的动力特性，减少了扭转振型对超长装备的影响。

在微振动工程计算分析过程中，提出了模型自修正技术，根据工程特征，将分析模型分割为若干类别，并对单一类别结构或构件进行建模参数化，根据已建或在建工程搜集的大量工程实测数据，共同形成参数化模型库和荷载库，利用自主编制的具有计算验证功能的模型参数识别和修改程序，使微振动工程计算只输入模型初始设计信息、限定条件、容许振动值，便可以自动实现对计算模型的参数修改，使计算模型的各个参数更接近工程实际，确保最终的计算分析结果可靠性。该方法在高耸装备振动控制中，利用参数化模型库和荷载库，不断地调整设计参数，计算后将结果和上一次设计方案结果相比较，改善鞭梢效应的影响。

提出了共振带分割一体化设计技术，通过结构谐响应扫频分析，采用频域计算原理，对高耸装备的振动输入和扫频结果，对其潜在发生共振的频带区域进行分割，针对每一分割后的区域进行振动控制参数优化设计，并充分考虑结构与装备相互影响，一体化设计技术流程见图8。该创新成果被应用于超长振动控制系统，为航天神舟系列等地面装调检测

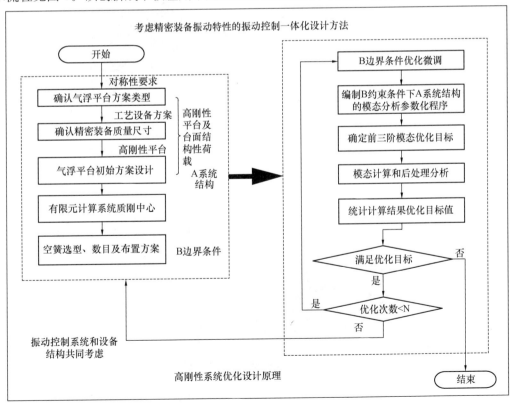

图8 一体化设计技术流程图

提供了环境保障。

2.3 高性能精密装备振动控制装置

振动控制装置是精密装备振动控制技术中的关键手段，本文研制了超薄膜负倾角约束膜式控制装置（图 9），解决了低刚度、高稳定性的难题。成果具有以下显著特点：一是膜具有超薄特性，其厚度 $0.7\sim1.0$mm，减小了膜刚度；二是内外约束设计为负倾角，降低了竖向及横向刚度达 $5\%\sim25\%$，使隔振系统固有振动频为 0.75Hz 左右。

研制了三向等刚度自由膜式控制装置，在结构上调整膜的刚度在三个方向均获得最佳的隔振性能，已广泛用于精密装备从微振动控制，特别对于大型或超大型（超长、超高）精密装备的振动控制，突破了水平向和竖直向等刚度设计的关键技术。

发明了竖向螺旋阻尼装置，可调节气浮式隔振系统的竖向阻尼值，可根据需要获得任意阻尼值，实现了阻尼可调。研发了气浮式振动控制装置，即由多组自主创新的空气弹簧元件、自动调平元件、控制气路、气源系统、控制箱等构成的振动控制系统，见图 10 所示。该系统技术性能指标优于国内外先进水平。且已成功应用于国家重大科研装备项目大光栅刻划系统，为其提供了环境振动保障。

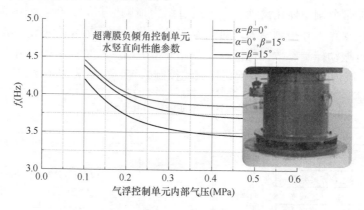

图 9　超薄膜负倾角空气弹簧单元性能示意图

注：超薄膜负倾角控制单元竖直向性能参数中 α 为内倾角，β 为外倾角。

图 10　高精度气浮式振动控制平台

3. 大型装备振动控制成套技术

针对大型装备系统复杂、要求严格的特点，在大型装备振动控制系统整体分析技术、大型回转装备振动控制试验技术、大型冲击装备振动响应预测技术和高性能振动控制装置四个方面进行了研究。

3.1 大型装备振动控制系统整体分析技术

大型装备振动控制的特点是：结构及控制系统复杂，荷载分布特性复杂，附属设备的影响不可忽略（图11）；在分析过程中，必须考虑地基、结构、装备和振动控制装置的相互作用进行整体分析。

确立了振动荷载精确定位技术。通过对荷载进行分析，明确荷载的传递路径；在研究中通过运用不同的建模方法、不同的软件进行比较和验证，经过计算分析与试验结果相互对比，得到既能满足工程精度要求，又能使设计人员简便操作；综合考虑荷载与结构之间不同介质、不同属性材料的刚度、质量等振动参数，选取合理的杆件单元类型，

图11 大型汽轮发电机组示意图

并以适宜的刚度值、作用面积范围取代复杂的连接结构，实现了振动荷载的精确定位。

由于附属设备与主设备之间的连接复杂，在设计计算建模中难以准确的模拟附属设备其自身的振动特性和与其他单元体的连接属性，不能正确地反映出附属设备对整体振动控制系统振动的影响，本项目建立了考虑附属设备影响的分析技术，解决了大型装备振动控制系统整体分析技术的难题。

3.2 大型回转装备振动控制试验技术

核电站等大型回转装备，仅仅依靠理论分析不能确保振动控制达到预期效果，必须通过模型试验进行验证整体建模技术正确性（图12），提高数值计算的准确性，保证振动控制的可靠性。在试验过程中，弹性元件非线性的主要原因是端部间隙，本项目开发研究出弹性元件端部固化技术，避免了非线性的产生，使试验在缩尺的小变形下即能达到弹性元件的线性关系，满足了试验的准确度（图13）。为了实现振动控制装置在不影响竖向刚度的同时，增加或减小水平刚度，采用水平刚度预偏纠正

图12 大型回转装备模型试验现场示意图

技术，实现了控制装置三向精确模拟。

由于位移相似比为1/10，控制元件处在初始非线性段工作。本文利用端部固化技术、

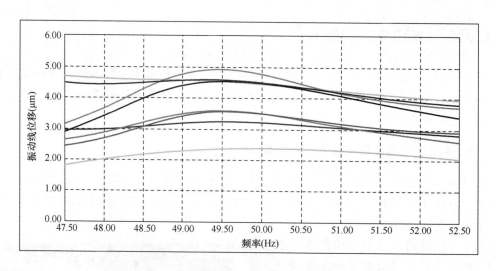

图 13　振动控制试验后的变形曲线图

三向刚度和阻尼精确模拟技术，提出了低刚度元件预紧方法，解决了初始非线性难题解决了振动模型试验的难题。本项成果已应用于方家山等百万千瓦核电工程。

3.3　大型冲击装备振动响应预测技术

　　大型冲击装备振动激励大、影响范围广，在项目规划选址阶段，必须采用振动预测技术进行环评和论证，避免对周围环境造成不利影响。通过振动模拟试验，对实场振动规律进行研究；建立了基于装备特征的振动预测分析方法，采用实场振动特性和相关参数，实现了对周边环境影响的准确预测（图 14）。采用本项研究成果，准确预测了世界打击力最大的无锡叶片厂螺旋压力机对周边环境的振动影响。

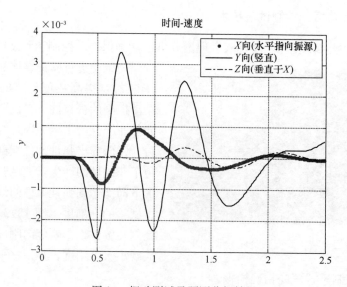

图 14　振动测试及预测分析结果

3.4 研制了大型装备高性能振动控制装置

通过参数优化研制了高承载力振动控制装置及低频振动控制装置（图15），单个装置承载力达到 200t，固有频率最低达到 1.8Hz。发明了迷宫式、蜂窝式阻尼结构、弹性元件共振抑制技术，提出了多级高频滤波技术，实现了振动控制装置在强冲击条件下长期稳定工作。使振动控制装置具有大阻尼、低频控制的功能。

图 15　大型装备高性能控制装置

4. 工程振动技术标准体系建议

4.1 工程振动技术标准体系总框图

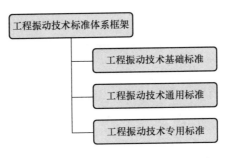

图 16　工程振动技术标准体系总框图

工程振动技术标准体系总框图中三个层次的关系是：上层标准的内容包括了以下各层标准的某个或某些方面的共性技术要求，并指导其下各层标准，共同成为综合标准的技术支撑。

4.2 工程振动技术基础标准

工程振动技术基础标准表

表1

编号	标准名称	现行相关标准	重要性
1	工程振动设计统一标准		重要
2	工程振动术语与符号		重要
3	建筑工程容许振动标准	正在编制	重要
4	工程振动荷载规范		重要

4.2.1 《工程振动设计统一标准》

本标准适用于工业与民用建筑、交通市政等工程振动控制时基本原则和设计准则,对振动荷载和容许振动确定的要求,包括了设计与施工要求等。

4.2.2 《工程振动术语与符号》

本标准适用于工程振动设计与控制的基本术语及其符号。在术语中明确其定义和概念,包括中英文对照;在符号中明确定义与使用方法,明确其内涵与外延。

4.2.3 《建筑工程容许振动标准》

本标准适用于建筑工程在工业和环境振动作用下的振动控制和振动影响评价,提出精密仪器和设备、动力机器基础、建筑物内人体舒适性和疲劳-工效降低、交通振动、建筑施工振动、声环境振动的容许振动标准。

目前编制的容许振动标准包括了交通振动对建筑工程的容许振动标准,没有包括对市政、路桥、机场、古建筑等的容许振动标准,没有包括随机振动如人行振动等。在下一版修订时进行增补。

4.2.4 《工程振动荷载规范》

本标准适用于工业与民用建筑承受各种振动时荷载的取值,主要是确定各类动力机器设备产生的振动荷载,明确取值原则和方法,为工程振动设计时,正确的输入作用效应提供保证。

4.3 工程振动技术通用标准

工程振动技术通用标准表

表2

编号	标准名称	现行相关标准	重要性
1	动力机器基础设计规范	GB 50040—96	重要
2	地基动力特性测试规范	GB/T 50269—97	重要
3	建筑振动控制设计规范		重要
4	构筑物振动控制设计规范		重要
5	建筑动力特性测试规范	GB/T 19875—2005	重要
6	工程隔振设计规范	GB 50463—2008	重要
7	古建筑振动控制技术规范	GB/T 50452—2008	重要
8	交通振动控制技术规范		重要
9	建筑施工振动控制技术规范		重要
10	环境振动控制技术规范		重要
11	工程振动对居住区舒适性和生产操作区人员健康影响控制技术标准		重要

4.3.1 《动力机器基础设计规范》

本标准是在 GB 50040—96 的基础上进行修订。工程案例表明：采用 GB 50040—96 是安全的，但偏于保守，一些工程采用其他设计方法比按 GB 50040—96 基础体积小得多，而且运行正常。GB 50040—96 采用的是原苏联 50 年代的质量-弹簧-阻尼体系，目前俄罗斯也对该体系进行了改进，该体系与国际标准也不接轨，规范的修订应该采用适合我国工程实际且方便设计人员使用的理论体系。

4.3.2 《地基动力特性测试规范》

本标准在 GB/T 50269—97 的基础上进行修订。标准除了与《动力机器基础设计规范》及工程抗震设计配套外，还应按照目前工程建设需要，根据测试技术、分析手段、测试仪器的发展，提出先进适用的测试方法。

4.3.3 《建筑振动控制技术规范》

目前与此相关的标准是《多层厂房楼盖抗微振设计规范》GB 50190—93。综前所述：该标准适用范围极窄，在工程中实际采用的很少。

本标准包括建筑工程在动力荷载作用下的振动控制设计，包括强振和微振，包括竖向和水平向振动。抗微振设计可以作为该标准的一个组成部分。

4.3.4 《构筑物振动控制设计规范》

本标准适用于各种结构形式的广播电视塔、通信塔、微波塔、风力发电塔、输电高塔、石油化工塔、工业冷却塔、水塔、烟囱、运输机通廊等工程的振动控制。

4.3.5 《建筑动力特性测试规范》

本标准是新制订标准，以前有一些手册和教科书可供工程振动控制时参考，但不能满足工程需要。

本标准针对目前常见的高层建筑、工业建筑、构筑物、交通工程、市政工程等动力特性提出测试和分析方法，为工程振动控制提供测试依据。

4.3.6 《工程隔振设计规范》

本标准可在现行国家标准《隔振设计规范》GB 50463—2008 的基础上修订，为了避免与机械、航空、船舶等机械设备本身隔振混淆，建议改为《工程隔振设计规范》。

标准的修订要注重工程隔振新理论、新技术、新材料，注重与国际标准的接轨。

4.3.7 《古建筑振动控制技术规范》

本标准可在现行国家标准《古建筑防工业振动技术规范》GB/T 50452—2008 的基础上进行编制。

标准修订时，要补充其他类型古建筑的容许振动值和结构动力特性与响应计算，补充其他振动对古建筑影响的分析，完善振动源沿水平向和竖向振动传播与衰减的分析方法，提出古建筑振动控制的综合治理方案（如振源减振，切断振动传播路径或降低振动传播效应，古建筑本身的隔振措施）。

4.3.8 《交通振动控制技术规范》

本标准涉及火车、城铁、地铁、汽车等振动对建筑物和市政公路桥梁、铁路桥梁影响的振动控制，包括对振源和控制对象的控制与分析。

4.3.9 《建筑施工振动控制技术规范》

本标准涉及建筑施工中的爆破、打桩、强夯、振冲、吊装等对现在建筑物安全与环境振动的影响，提出测试与分析方法，以及减少振动的措施。

4.3.10 《环境振动控制技术规范》

本标准包括环境振动（地脉动、风振等）对建筑物、构筑物等影响的振动控制，提出振动评价和分析方法，减少环境振动影响的措施。

4.3.11 《工程振动对居住区人员舒适性和生产操作区人员健康影响控制技术标准》

本标准包括在振动环境下，生产操作区人员健康和附近居住区舒适性影响的振动控制与评价，并提出减少振动影响的措施。

4.4 工程振动技术专用标准

4.4.1 动力机器基础专用标准

动力机器基础专用标准表 表3

编号	标准名称	现行相关标准	重要性
1	动力机器基础优化设计规范		重要
2	压缩机基础设计规范		重要
3	汽轮发电机基础设计规范		重要
4	燃气轮发电机基础设计规范		一般
5	冲击式机器基础设计规范		一般
6	压力机基础设计规范		一般
7	振动台基础设计规范		一般
8	金属切削机床基础设计规范		一般
9	电机基础设计规范		一般
10	工业鼓风机基础设计规范		一般
11	空压机基础设计规范		一般

本专用标准是在通用标准《动力机器基础设计规范》的基础上进一步细化和补充的行业或协会标准，其中《动力机器基础优化设计规范》是在动力基础设计的多方案比较，设计参数的优化选择方面做出规定。

本专用标准也可以按照机器类型进行归类，或按照行业进行归类。

4.4.2 地基动力特性测试专用标准

地基动力特性测试专用标准表 表4

编号	标准名称	现行相关标准	重要性
1	地面振动与衰减测试标准		一般
2	地基动力特性激振法测试规范		一般
3	地基动力特性地脉动测试规范		一般
4	地基动力特性波速测试规范		一般
5	地基动力特性循环荷载板测试规范		一般
6	地基动力特性振动三轴和共振柱测试规范		一般
7	天然与复合地基承载力动力测试规范		一般

本专用标准是在通用标准《地基动力特性测试规范》基础上，对各种测试方法进一步细化的行业标准或协会标准。

4.4.3 建筑振动控制专用标准

建筑振动控制专用标准表　　　　　　　　　　　　　　　　　　　　表5

编号	标准名称	现行相关标准	重要性
1	多层厂房楼盖抗微振设计规范	GB 50190—93	重要
2	居住建筑振动控制技术规范		重要
3	公共建筑振动控制技术规范		重要
4	超高层建筑振动控制技术规范		重要
5	大跨度建筑结构振动控制技术规范		一般
6	多层织造厂房结构动力设计规范	FZJ 116—93	一般
7	电子工业防微振工程技术规范	GB 51076—2015	重要

本专用标准是在通用标准《建筑振动控制设计规范》基础上制定的国家、行业或协会标准。

4.4.4 建筑工程动力特性测试专用标准

建筑工程动力特性测试专用标准表　　　　　　　　　　　　　　　　表6

编号	标准名称	现行相关标准	重要性
1	建筑工程动力特性脉动法测试规范		一般
2	建筑工程动力特性激振法测试规范		一般
3	高层建筑动力特性测试规范		一般
4	工业建筑动力特性测试规范		一般
5	塔桅建筑动力特性测试规范		一般
6	桥梁结构动力特性测试规范		一般
7	大跨度建筑动力特性测试规范		一般

本专用标准是在通用标准《建筑动力特性测试规范》基础上制定的行业或协会标准，对测量仪器的要求可单列一本，亦可根据需要归纳到每本标准中。

4.4.5 构筑物振动控制专用标准

构筑物振动控制专用标准表　　　　　　　　　　　　　　　　　　　表7

编号	标准名称	现行相关标准	重要性
1	构筑物振动控制技术规范		一般
2	构筑物动力特性测试规范		一般
3	石油化工塔形设备基础振动控制技术规范		一般
4	运输机通廊振动控制技术规范		一般
5	电视塔振动控制技术规范		一般
6	雷达站振动控制技术规范		一般
7	大型压力容器基础振动控制技术规范		一般

本专用标准是在通用标准《构筑物振动控制设计规范》基础上编制的行业或协会标准，可以根据需要进行补充。

4.4.6 工程隔振专用标准

工程隔振专用标准表　　　　　　　　　　　　　　　　　表8

编号	标准名称	现行相关标准	重要性
1	精密仪器与设备隔振设计规范		一般
2	压缩机基础隔振设计规范		一般
3	汽轮发电机基础隔振设计规范		一般
4	冲击式基础隔振设计规范		一般
5	压力机基础隔振设计规范		一般
6	振动台基础隔振设计规范		一般
7	金属切削机床基础隔振设计规范		一般
8	电机基础隔振设计规范		一般
9	地面屏障隔振设计规范		一般
10	工程隔振器与阻尼器设计规范		一般
11	浮置板隔振设计规范		一般
12	建筑设备与管道隔振设计规范		一般

本专用标准是在通用标准《工程隔振设计规范》的基础上制定的行业或协会标准，以下标准属于产品标准，不在工程标准系列中，也列出供研究或产品标准编制时参考。

附：工程隔振产品标准（见表9）

工程隔振产品标准表　　　　　　　　　　　　　　　　　表9

标准名称	现行相关标准	重要性
钢弹簧隔振器设计标准		一般
橡胶制品隔振器设计标准		一般
空气弹簧隔振器设计标准		一般
蝶形与叠板弹簧隔振器设计标准		一般
组合式隔振设计标准		一般
黏弹性与黏滞性阻尼器设计标准		一般
活塞式阻尼器设计标准		一般
摩擦耗能阻尼器设计标准		一般
软金属阻尼器设计标准		一般
液体阻尼器设计标准		一般
支撑式耗能阻尼器设计标准		一般
流变耗能阻尼器设计标准		一般
复合阻尼器设计标准		一般

4.4.7 古建筑振动控制专用标准

古建筑振动控制专用标准表 表 10

编号	标准名称	现行相关标准	重要性
1	古建筑风振控制技术规范		重要
2	古建筑工业振动控制技术规范		
3	古建筑交通振动控制技术规范		重要
4	古建筑动力特性测试规范		重要
5	古建筑隔振技术规范		重要
6	古建筑环境振动控制技术规范		重要

本专用标准是在通用标准《古建筑振动控制技术规范》基础上编制的行业或协会标准，可以根据古建筑类型或振源的不同进行补充。

4.4.8　交通振动控制专用标准

交通振动控制专用标准表 表 11

编号	标准名称	现行相关标准	重要性
1	轨道交通振动控制技术规范	JGJ/T 170—2009	重要
2	地下铁道振动控制技术规范		重要
3	高速列车振动控制技术规范		重要
4	公共交通等候室振动控制技术规范		一般
5	桥梁工程振动控制技术规范		重要

本专用标准是在通用标准《交通振动控制技术规范》基础上编制的行业或协会标准。

4.4.9　建筑施工振动控制专用标准

建筑施工振动控制专用标准表 表 12

编号	标准名称	现行相关标准	重要性
1	工程爆破振动控制技术规范		
2	桩基施工振动控制技术规范		
3	基桩低应变动力测试规范		
4	基桩高应变动力测试规范		
5	地基处理振动控制技术规范		
6	建筑结构施工振动控制技术规范		

本专用标准是在通用标准《建筑施工振动控制技术规范》的基础上编制的行业或协会标准，其中《工程爆破振动控制技术规范》要与现行国家标准《爆破安全规范》相协调。

4.4.10　环境振动专用标准

环境振动专用标准表 表 13

编号	标准名称	现行相关标准	重要性
1	地面振动与衰减技术规范		一般
2	环境振动标准	GB 10070	重要

编号	标准名称	现行相关标准	重要性
3	城市区域环境振动测量标准	GB 10071	重要
4	环境振动监测技术规范	HJ 正在编制	重要
5	声环境质量标准	GB 3096—2008	重要

本专用标准是在通用标准《环境振动控制技术规范》的基础上编制的国家、行业或协会标准，可根据工程需要进行补充。

4.4.11 工程振动对居住区舒适性和生产操作区人员健康影响控制专用标准

工程振动对居住区舒适性和生产操作区人员健康影响控制专用标准表 表 14

编号	标准名称	现行相关标准	重要性
1	住宅建筑室内振动限制和测量方法标准	GB/T 50355—2005	重要
2	生活居住区振动控制技术标准		重要
3	生产操作区振动控制技术标准		重要
4	医疗保健区振动控制技术标准		重要
5	科研教育区振动控制技术标准		重要
6	剧场、电影院和多用途厅堂振动控制技术标准		重要

本专用标准是在通用标准《工程振动对居住区舒适性和生产操作区人员健康影响控制技术标准》基础上编制的国家、行业或协会标准，编制时有许多 ISO 国际标准或已等同或等效采用的国家标准可供参考。

4.4.12 特殊结构振动控制专用标准

特殊结构振动控制专用标准表 表 15

编号	标准名称	现行相关标准	重要性
1	人行天桥振动控制技术规范		

还有一些特殊结构的振动控制，尚未列出通用标准作为支撑，在工程设计中很需要，可根据工程实际进行补充。

5. 结语

本项目对基础性技术理论进行研究，建立了工业工程振动控制理论分析体系，形成了精密和大型装备振动控制成套技术，多项研究成果填补了国内外相关技术领域的空白，推动了我国振动控制技术领域科技进步，创造了显著的社会和经济效益，有力地保障了我国高端装备制造业的发展。

研究成果已应用于多个工业领域、数百项工程、数千台套装备的振动控制。在航空航天领域，应用于嫦娥系列、风云系列、高分一号等工程的装调检测环境保障；在国防军工领域，应用于核潜艇管道声阻抗检测等工程；在精密加工领域，应用于数千台精密加工与测量装备；在电力工程领域，我国已建和在建的 34 台百万千瓦级核电工程中，28 台采用了本文的研究成果；应用于大别山等火电工程和三峡等水电工程的振动控制，研究成果在工程应用领域创造十余项国内外第一。

在本研究成果的基础上，项目组继续在纳米科技、高分辨率对地观测系统、第三代核电、超大型锻压装备等领域开展更深入的振动控制技术研究和工程实践，以满足工业工程不断发展的需要。

根据工程振动控制技术的需要，本研究成果提出了我国工程振动技术标准体系，可供从事工程振动控制标准编制时参考，本文提出的标准体系还存在不尽完善之处，需要根据振动控制技术的发展，不断进行完善。

门式刚架轻型房屋钢结构技术现状和研究进展

郁银泉，王　喆，蔡益燕

（中国建筑标准设计研究院有限公司，北京 100048）

摘　要：门式刚架轻型房屋钢结构在我国推广应用已有 20 年，根据近年取得的科研成果，以及全国各地的工程实践经验，特别是一些工程问题和事故中的经验教训并参考了大量国外规范的相关内容，形成了《门式刚架轻型房屋钢结构技术规范》GB 51022—2015，反映了我国近年来对门式刚架轻型房屋钢结构进行的各项研究的最新成果和当前成熟的技术水平。

关键词：门式刚架；规范；技术

The Current Technology and Research Progress of Steel Structure of Light-Weight Building with Gabled Frames

Yinquan Yu, Zhe Wang, Yiyan Cai

（China Institute of Building Standard Design and Research，Beijing，100048）

Abstract：The research and development of steel structure of light-weight building with gabled frames in China have been going on for near 20 years. Combined recent research and the experience from existed projects all over China, especially the experience of engineering problems and accidents, with numerous of corresponding contents in foreign codes, the 'Technical Code for Steel Structure of Light-weight Building with Gabled Frames' is formed to display our latest study achievements and mature technology in the very field.

Keywords：Gabled Frames；Code；Technology

　　门式刚架轻型房屋钢结构具有重量轻、用钢省、造价低、用途广泛、制作简单的优点，自 20 世纪 90 年代引入中国以来，得到了广泛的应用和发展。相应的技术标准，也从《门式刚架轻型房屋钢结构技术规程》CECS102：98、CECS102：2002、CECS102：2012逐步发展完善，新的国家标准《门式刚架轻型房屋钢结构技术规范》GB 51022—2015 也即将于 2016 年 8 月 1 日起实施。相关技术标准的发展，极大地推动了门式刚架结构的应用。据统计《门式刚架轻型房屋钢结构技术规程》CECS102：98 颁布后，门式刚架结构的工程建设量增长了三倍，达到 400 万 m²/年。

　　中国工程建设标准化协会标准《门式刚架轻型房屋钢结构技术规程》CECS102：2002 公布实施以来，已经过去 10 年，在此期间，国内外钢结构技术有了很大发展。美国先后发布了 2002 版、2006 版《金属房屋系统手册》，对荷载部分做了较大的修订。CECS102 发布后，我国经历的 2006 年烟台雪灾和 2007 年辽宁雪灾及 1996 年湛江风灾和

2005 年台州风灾的一些工程问题和事故也对规程提出了新的要求。为此，国家标准《门式刚架轻型房屋钢结构技术规范》GB 51022—2015 也做了相应调整。

1. 材料选用

规范规定，门式刚架、吊车梁和焊接的檩条、墙梁等构件宜采用 Q235B 或 Q345A 及以上等级钢材，非焊接的檩条和墙梁等可采用 Q235A 钢材制作。对设计用钢材强度值进行了调整，与其他规范进行了协调。规范提出的 LQ550 级钢材，仅用于屋面及墙面板。该材料在《低层冷弯薄壁型钢房屋建筑技术规程》JGJ 227—2011 中已有采用。

2. 结构抗震

《建筑抗震设计规范》GB 50011 中明确，单层钢结构厂房的规定不适用单层轻型钢结构厂房。由于单层门式刚架轻型房屋钢结构的自重较小，设计经验和振动台试验表明，当抗震设防烈度为 7 度（0.1g）及以下时，一般不需要做抗震验算；当为 7 度（0.15g）及以上时，横向刚架和纵向框架均需进行抗震验算。当设有夹层或有与门式刚架相连接的附属房屋时，应进行抗震验算。结构阻尼比按房屋封闭情况在 0.05 和 0.035 之间分别取值。单跨、多跨等高房屋可按基底剪力法计算，不等高房屋可按振型分解反应谱法计算。当地震作用组合的效应控制结构设计时，门式刚架轻型房屋钢结构的翼缘宽厚比、柱长细比、锚栓面积、隅撑和支撑的布置等抗震构造措施应符合规定。

3. 风荷载

本次风荷载系数取值依据 MBMA2006 做出了调整，本条风荷载系数采用了 MBMA 手册中规定的风荷载系数，该系数已考虑内、外风压力最大值的组合。针对不同的门式刚架类型、不同的封闭情况、门式刚架结构不同的屋面墙面各部位、不同屋面坡度给出了相应的风荷载系数。这是针对门式刚接结构的特点对《建筑结构荷载规范》GB 50009 的增加和补充。屋角风荷载较大，是一种普遍现象。轻型房屋钢结构的风灾大多将屋角掀起，因此屋角属于结构的要害部位。此处屋面板和墙面板的连接要加强，特别是边缘带的屋面和檩条的固定。按照国家标准《建筑结构荷载规范》GB 50009 的规定，对风荷载比较敏感的结构，基本风压应适当提高。门式刚架轻型房屋钢结构属于对风荷载比较敏感的结构，因此，计算主钢架时，β 系数取 1.1 是对基本风压的适当提高；计算檩条、墙梁和屋面板及其连接时取 1.5，是考虑阵风作用的要求。通过 β 系数使本规范的风荷载和现行国家标准《建筑结构荷载规范》GB 50009 的风荷载基本协调一致。

4. 雪荷载

针对烟台雪灾和辽宁雪灾实地调研总结的经验，门式刚接结构雪荷载设计做出了较大调整。门式刚架轻型房屋钢结构屋盖较轻，属于对雪荷载敏感的结构。雪荷载经常是控制荷载，极端雪荷载作用下容易造成结构整体破坏，后果特别严重，基本雪压应适当提高。因此，根据国家标准《建筑结构荷载规范》GB 50009 的规定，规范明确了设计门式刚架轻型房屋钢结构时应按 100 年重现期的雪压采用。轻型钢结构房屋自重轻，对雪荷载较为敏感。近几年雪灾调查表明，雪荷载的堆积是造成破坏的主要原因。从实际积雪分布形态看，与美国 MBMA 规定的计算较为接近，故规范主要参考了美国规范对雪荷载设计的相关规定。需要根据高低屋面及相邻屋面高低情况考虑雪荷载的堆积和漂移。经试计算，对高低跨、女儿墙、屋面有高差处，根据地面雪压和房屋实际尺寸按公式计算雪荷载的增大值，最大值可达 4～5 倍。故为减小雪的堆积荷载，轻型钢结构房屋宜采用单坡或双坡屋面的形式；对高低跨屋面，宜采用较小的屋面坡度；减少女儿墙、屋面突出物等。

5. 柱顶位移

规范规定夹层处柱顶的水平位移限值宜为 $H/250$，这是和《高层民用建筑钢结构技术规程》JGJ 99—2015 框架结构的柱顶位移限值相一致的。对于其他情况，见表 1 的规定。对无吊车且采用轻型墙板的刚架，使用过程中未感到位移偏大，故保留了 CECS102：2002 的规定。对设有桥式吊车的房屋进行了从严考虑，柱顶位移由 1/300 从严到 1/400 控制。研究表明，由于平板柱脚的嵌固性、围护结构的蒙皮效应以及结构空间作用等因素的影响，门式刚架柱顶的实际位移一般小于其计算值。对于铰接柱脚刚架，若按位移限值设计，刚架柱顶实际位移仅为规定值的 50% 左右。

刚架柱顶位移限值（mm） 表 1

吊车情况	其他情况	柱顶位移限值
无吊车	当采用轻型钢墙板时	$h/60$
	当采用砌体墙时	$h/240$
有桥式吊车	当吊车有驾驶室时	$h/400$
	当吊车由地面操作时	$h/180$

6. 构件计算

刚架构件计算中，合并原等截面及变截面的刚架柱设计方法，修改为轴力和弯矩采用同一个截面，即大端截面，以便能够退化成等截面构件；对弯矩放大系数、等效弯矩系数 β_t 进行调整，避免了特定区域的不安全。

7. 支撑系统布置

不少工程特别是多跨厂房注意了在边柱设置柱间支撑，却忽略了在中间柱列设置柱间支撑。当由于建筑或工艺上的原因不能在中间柱列设置柱间交叉支撑时，规范建议可设置其他形式的支撑，如人字支撑等。当不能设置任何形式的支撑时，建议采用横向水平支撑形成水平放置的桁架，柱间支撑是该桁架支座。此外，还规定了柱间支撑与屋盖横向支撑宜设置在一开间。

隔撑的作用是保证刚架斜梁受压下翼缘和刚架柱受压翼缘的出平面稳定，对结构安全很重要。有的业主出于建筑上或功能上的需要（特别是采用双层屋面板时），不愿意看到隔撑外露，使得不少工程中未设置隔撑，造成结构安全上的隐患，这也与对隔撑作用的认识不足有关。研究表明，门式刚架的破坏和倒塌在很多情况下是由受压最大的翼缘屈曲引起的，而斜梁下翼缘与刚架柱的相交处压应力最大，是结构的关键部位。门式刚架轻型房屋的檩条和墙梁可以对刚架构件提供支撑，减小钢架构件平面外无支撑长度；檩条、墙梁与钢架梁、柱外翼缘相连点是钢构件的外侧支点，隔撑与钢架梁、柱内翼缘相连点是钢构件的内侧支点。隔撑宜连接在内翼缘（图1a），也可连接内翼缘附近的腹板（图1b）或连接板上（图1c），距内翼缘的距离不大于100mm。

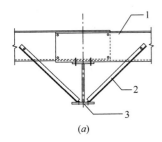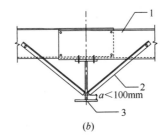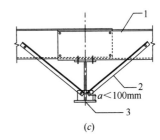

图 1 隔撑与梁柱的连接

（a）隔撑与梁柱内翼缘连接；（b）隔撑与梁柱腹板连接；（c）隔撑与连接板连接
1—檩条或墙梁；2—隔撑；3—梁或柱

8. 单面焊

规定了当T形连接的腹板厚度不大于8mm，并符合下列规定时，可采用自动或半自动埋弧焊接单面角焊缝（图2）。根据同济大学所做的试验，参考上海市《轻型钢结构制作安装验收规程》DG/TJ08—010—2001，列入了T型连接单面焊的技术要求。单面焊仅可用于承受静荷载和间接动荷载、非露天和无强腐蚀性介质的结构构件。柱与底板的连接、柱与牛腿的连接、梁与端板的连接、吊车梁及支承局部悬挂荷载的吊架等，不得采用单面焊。单面焊适用于腹板厚度不大于8mm的板件，经工艺评定合格后方可采用。根据我

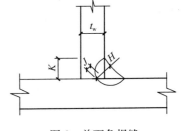

图 2 单面角焊缝

国当前的现实情况，强调了在设备和其他技术条件具备时才能采用单面焊。

9. 节点设计

门式刚架横梁与立柱连接节点，可采用端板竖放（图3a）、平放（图3b）和斜放（图3c）三种形式。端板连接节点设计应包括连接螺栓设计、端板厚度确定、节点域剪应力验算、端板螺栓处构件腹板强度、端板连接刚度验算。

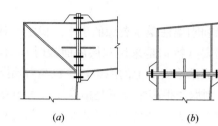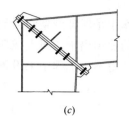

(a) (b) (c)

图 3　刚架连接节点

(a) 端板竖放；(b) 端板平放；(c) 端板斜放

确定端板厚度时，根据支承条件将端板划分为外伸板区、无加劲肋板区、两相邻边支承板区（其中，端板平齐式连接时将平齐边视为简支边，外伸式连接时才将该边视为固定边）和三边支承板区，然后分别计算各板区在其特定屈服模式下螺栓达极限拉力、板区材料达全截面屈服时的板厚。在此基础上，考虑到限制其塑性发展和保证安全性的需要，将螺栓极限拉力用抗拉承载力设计值代换，将板区材料的屈服强度用强度设计值代换，并取各板区厚度最大值作为所计算端板的厚度。这种端板厚度计算方法，大体上相当于塑性分析和弹性设计时得出的板厚。当允许端板发展部分塑性时，可将所得板厚乘以 0.9。

门式刚架梁柱连接节点的转动刚度如与理想刚接条件相差太大时，如仍按理想刚接计算内力与确定计算长度，将导致结构可靠度不足，成为安全隐患。关于节点端板连接刚度的规定参考欧洲钢结构设计规范 EC3，符合相关公式的梁柱节点接近于理想刚接。试验表明：节点域设置斜加劲肋可使梁柱连接刚度明显提高，斜加劲肋可作为提高节点刚度的重要措施。

10. 柱脚锚栓

门式刚架轻钢房屋曾出现多起大风将锚栓拔起造成工程事故的情况，带来不应有的损失。锚栓直径小，长度也短，有的构造极不合理，成为轻钢房屋工程中的薄弱环节。为此，本次明确规定，锚栓不宜参加抗剪，水平反力应由底板与混凝土基础间的摩擦力承受，摩擦系数可取 0.4，并考虑风吸力引起的上拔力对摩擦力削弱的影响。计算柱脚锚栓的受拉承载力时，应采用螺纹处的有效截面面积。锚栓应采用 Q235 钢或 Q345 钢制作。锚栓端部应设置弯钩或锚件，且应符合国家标准《混凝土结构设计规范》GB 50010 的有关规定。锚栓的最小锚固长度 l_a（投影长度）应符合表 2 的规定，且不应小于 200mm。锚栓直径 d 不宜小于 24mm，且应采用双螺母。

锚栓的最小锚固长度   表 2

锚栓 钢材	混凝土强度等级					
	C25	C30	C35	C40	C45	≥C50
Q235	$20d$	$18d$	$16d$	$15d$	$14d$	$14d$
Q345	$25d$	$23d$	$21d$	$19d$	$18d$	$17d$

11. 安装要求

门式刚架轻型房屋钢结构在安装过程中，采用临时稳定缆风绳对于保证施工阶段结构稳定非常重要。要求每一施工步完成时，结构均具有临时稳定的特征。安装过程中形成的临时空间结构稳定体系应能承受结构自重、风荷载、雪荷载、施工荷载以及吊装过程中冲击荷载的作用。故标准将"门式刚架轻型房屋钢结构在安装过程中，应及时安装屋面水平支撑和柱间支撑，在组成稳定的空间体系前，应按计算设置缆风绳，并合理固定。"设置为强制性条文，必须严格遵守。

门式刚架轻型房屋钢结构具有多种优点，特别它具有工厂预制，模块化生产，现场无焊接，施工速度快的特点，是一种工业化程度很高的钢结构建筑类型，特别适合在厂房、仓库、物流等领域使用。我国钢结构产量早年居世界第一，2014 年、2015 年钢产量突破 8 亿吨，在化解钢结构产能，国家大力推动钢结构和装配式建筑的发展的大背景下，门式刚架轻型房屋钢结构具有更大的发展空间。切实提高建筑质量，深入了解和掌握国外研究发展动向和创新成果，从中发现差距，对于发展我国钢结构事业，推动门式刚架结构等装配式钢结构建筑的发展，需要我国钢结构全行业的共同努力。

参考文献

[1] 《门式刚架轻型房屋钢结构技术规范》GB 51022—2015，建筑工业出版社，2016.
[2] 《建筑抗震设计规范》GB 50011—2010，建筑工业出版社，2010.
[3] 《建筑结构荷载规范》GB 50009—2012，建筑工业出版社，2012.
[4] Metal Building System Manual 2006.
[5] 《门式刚架轻型房屋钢结构技术规程》修订介绍，申林、蔡益燕，建筑结构，Vol. 32 No. 9，2002.9.
[6] 《2007 辽宁雪灾对轻型钢结构房屋建筑的启示》蔡益燕，中国建筑金属结构，2007.5.
[7] 对《门式刚架轻型房屋钢结构技术规程》CECS 102：2002 的勘误和补遗，蔡益燕，钢结构，Vol. 21 No. 87，2006.4.
[8] 《门式刚架轻型钢结构安装问题和解决办法》陈友泉，建筑结构，Vol. 36，2006.6.
[9] 《门式刚架轻型房屋钢结构设计施工中的几个问题》蔡益燕、胡天兵，建筑钢结构进展，Vol. 5 No. 4，2003.
[10] 《轻型门式刚架设计中的一个重大问题》蔡益燕，中国建筑金属结构，2013.3.

LOAD AND RESISTANCE FACTOR DESIGN USING METHODS OF MOMENT

Y. G. Zhao[1] and Z. H. Lu[2]

(1. Department of Architecture, Kanagawa University, Japan, Email: zhao@kanagawa-u. ac. jp
2. School of Civil Engineering, The Central South University, China , Email: luzhaohui@csu. edu. cn)

Abstract: In this Chapter, the basic principle of the load and resistance factor format is firstly reviewed, and principle for the determination of these factors using method of moments is described. Simple methods for estimating the load and resistance factors using the first few moments of the basic random variables is introduced and simple formulae for the target mean resistance is also proposed to avoid iterative computations. Since the introduced method is based on the first few moments of the basic random variables, the load and resistances factors can be determined even when the probability density functions of the random variables are unknown. The simplicity and efficiency of the methods for determining the load and resistance factors are demonstrated with several numerical examples. It is found that although the load and resistance factors obtained using the method of moments are different from those obtained through the first order reliability method, the required structural resistances under a specific design condition are almost the same.

Keywords: Structural reliability; Failure probability; Reliability based design; Methods of moment; LRFD

INTRODUCTION

As the insurance of the performance of a structure must be accomplished under conditions of uncertainty, probabilistic analysis will generally be necessary for reliability-based structural design. However, reliability-based structural design may also be developed without a complete probabilistic analysis. If the required safety factors are predetermined on the basis of specified probability-based requirement, reliability-based design may be accomplished through the adoption of appropriate deterministic design criteria, e. g. the use of traditional safety factors.

For obvious reasons, design criteria should be as simple as possible; moreover, they should be developed in a form that is familiar to the practical engineers. This can be accomplished through the use of load amplification factors and resistance reduction factors, known as the LRFD (Load and Resistance Factors Design) format (Ellingwood et al. 1982; Galambos and Ellingwood 1982; Ang and Tang 1984). That is the representative design loads are amplified by appropriate load factors and the nominal resistances are reduced by corresponding resistance factors, and safety is assured if the factored resistance is at least equal to the factored loads. The appropriate load and resistance factors must be developed in order to make the designed engineering structures a-chieve a prescribed level of reliability.

The load and resistance factors are generally determined using the first order reliability method (FORM), in which the "design point" must be determined and derivative-based iterations have to be used. Also, it is inconvenient to deal with the problem of multiple design points (Der-Kiureghian and Dakessian 1998; Barranco-Cicilia et al. 2009) with this procedure. At the present stage, the load and resistance factors prescribed in design codes, e. g. AIJ (2002) "Recommenda-tions for limit state design of buildings" recommended several sets of load and resistance factors for target reliability levels of bT = 1, 2, 3, 4. In general, the practicing engineers only use the load and resistance factors recommended in design codes without performing complicated reliabili-ty analysis in engineering designs. However, with the trend towards the performance design, there will be a necessity for designers to determine the load and resistance factors by themselves in order to conduct structural design more flexibly. For example, one needs to determine load and resistance factors with different target reliability level from those given by the code or different uncertain characteristics from the assumption used in the code even with the same reliability level. In such a case, it is required that the design code recommend not only specific values of load and resistances factors but also suitable and simple methods for determining these factors. For this purpose, AIJ (2002) recommendation has provided a simple method based on the proposal of Mori (2002), in which all the random variables are assumed to have known probability density functions (PDFs) and required to transfer into lognormal random variables. However, in reality, the PDFs of some of the basic random variables are often unknown due to the lack of statistical data.

In this Chapter, the basic principle of the load and resistance factor format is firstly reviewed, and principle for the determination of these factors using method of moments is described. Simple methods for estimating the load and resistance factors using the first few moments of the basic random variables is introduced and simple formulae for the target mean resistance is also proposed to avoid iterative computations. Since the introduced method is based on the first few moments of the basic random variables, the load and re-sistances factors can be determined even when the probability density functions of the random variables are unknown. The simplicity and efficiency of the methods for determining the load and resistance factors are demonstrated with several numerical examples. It is found that although the load and resistance factors obtained using the method of moments are different from those obtained through the first order reliability method, the required structural resistances under a specific design condition are almost the same.

BASIC CONCEPT OF LOAD AND RESISTANCE FACTORS

Basic concept

Consider the simplest case which include the resistance and only one load effect, the

LRFD format may be expressed as the follows.

$$\phi R_n \geqslant \gamma S_n \tag{1}$$

where, $\phi =$ the resistance factor; $\gamma =$ the partial load factor to applied to load effect S; R_n = nominal value of the resistance, $S_n =$ presentative value of the load effect S.

In reliability-based structural design, the resistance factor ϕ and the load factor γ should be determined on the basis of achieving a specified reliability. That is, the design format, Eq. (1), should be equivalent to the following formula in probability terms.

$$G(X) = R - S \tag{2}$$

$$P_f \leqslant P_{fT} \quad \text{or} \quad \beta \geqslant \beta_T \tag{3}$$

where R and S are the random variables representing the uncertainty included in the resistance and load effect. P_f and β are the probability of failure and the reliability index corresponding to the performance function Eq. (2). P_{fT} and β_T are the acceptable probability of failure and target reliability index, respectively.

This means the failure probability corresponding to the performance function Eq. (1) should be less than a specified acceptable level and the reliability index β should be larger than a specified target level.

Determination of LRF by 2M method

If R and S are mutually independent normal random variables, the second moment method is correct and the design formula Eq. (3) becomes

$$\beta_{2M} \geqslant \beta_T \tag{4}$$

where

$$\beta_{2M} = \frac{\mu_G}{\sigma_G} \tag{5a}$$

$$\mu_G = \mu_R - \mu_S \tag{5b}$$

$$\sigma_G = \sqrt{\sigma_R^2 + \sigma_S^2} \tag{5c}$$

β_{2M} is the second moment reliability index, μ_G and σ_G are the mean value and standard deviation of the performance function G, respectively. μ_R and σ_R, are the mean value, standard deviation of R, respectively, μ_S, σ_S, are the mean value, standard deviation of S, respectively.

Substituting Eq. (5) into Eq. (4), yields,

$$\frac{\mu_R - \mu_S}{\sqrt{\sigma_R^2 + \sigma_S^2}} \geqslant \beta_T \tag{6}$$

that is

$$\mu_R - \mu_S \geqslant \beta_T \sqrt{\sigma_R^2 + \sigma_S^2} = \beta_T \frac{\sigma_R^2 + \sigma_S^2}{\sqrt{\sigma_R^2 + \sigma_S^2}} = \frac{\beta_T \sigma_R^2}{\sqrt{\sigma_R^2 + \sigma_S^2}} + \frac{\beta_T \sigma_S^2}{\sqrt{\sigma_R^2 + \sigma_S^2}}$$

then, we have

$$\mu_R - \frac{\beta_T \sigma_R^2}{\sqrt{\sigma_R^2 + \sigma_S^2}} \geqslant \mu_S + \frac{\beta_T \sigma_S^2}{\sqrt{\sigma_R^2 + \sigma_S^2}}$$

or

$$\mu_R \left(1 - \frac{\sigma_R}{\mu_R} \frac{\sigma_R \beta_T}{\sqrt{\sigma_R^2 + \sigma_S^2}}\right) \geqslant \mu_S \left(1 + \frac{\sigma_S}{\mu_S} \frac{\sigma_S \beta_T}{\sqrt{\sigma_R^2 + \sigma_S^2}}\right)$$

Denote

$$\alpha_R = \frac{\sigma_R}{\sqrt{\sigma_R^2 + \sigma_S^2}}, \quad \alpha_S = \frac{\sigma_S}{\sqrt{\sigma_R^2 + \sigma_S^2}} \tag{7}$$

as the direction cosines (also known as separating factors), respectively, for R and S, Eq. (6) becomes

$$\frac{\mu_R}{R_n}(1 - \alpha_R V_R \beta_T) R_n \geqslant \frac{\mu_S}{S_n}(1 + \alpha_S V_S \beta_T) S_n \tag{8}$$

where V_R and V_S are the coefficient of variation, respectively, of R and S.

Comparing Eq. (8) with Eq. (1), the load and resistance factor may be expressed as,

$$\phi = (1 - \alpha_R V_R \beta_T) \frac{\mu_R}{R_n} \tag{9a}$$

$$\gamma = (1 + \alpha_S V_S \beta_T) \frac{\mu_S}{S_n} \tag{9b}$$

In general, for the case of multiple load effects, the LRFD format may be expressed as the follows.

$$\phi R_n \geqslant \Sigma \gamma_i S_{ni} \tag{10}$$

If R and S_i are mutually independent normal random variables, the load and resistance factor may be expressed as,

$$\phi = (1 - \alpha_R V_R \beta_T) \frac{\mu_R}{R_n} \tag{11a}$$

$$\gamma_i = (1 + \alpha_{Si} V_{Si} \beta_T) \frac{\mu_{Si}}{S_{ni}} \tag{11b}$$

where V_R and V_{Si} are the coefficient of variation, respectively, of R and S_i, α_R and α_{Si} are the direction cosines (also known as separating factors), respectively, for R and S_i.

$$\alpha_R = \frac{\sigma_R}{\sigma_G}, \quad \alpha_{Si} = \frac{\sigma_{Si}}{\sigma_G} \tag{12a}$$

$$\sigma_G = \sqrt{\sigma_R^2 + \Sigma \sigma_{Si}^2} \tag{12b}$$

μ_R and σ_G are the mean value and standard deviation of the performance function G, respectively. μ_R and σ_R, are the mean value, standard deviation of R, respectively, μ_{Si}, σ_{Si}, are the mean value, standard deviation of S_i, respectively. It should be note that in order to determine the load and resistance factors using Eq. (11), the mean resistance and its standard deviation that meet with the target reliability level (hereafter, it is called target mean resistance) should be predetermined. Therefore, the iteration computation is generally required to determine the load and resistance factors.

Example1 To determine the target mean resistance in Eq. (9)

When the limit state is satisfied with the prescribed reliability level, β_T, Eq. (6) becomes

$$\mu_{RT} - \mu_S = \beta_T \sqrt{\sigma_R^2 + \sigma_S^2}$$

Then, we have

$$\mu_{RT}^2 - 2\mu_{RT}\mu_S + \mu_S^2 = \beta_T^2 \sigma_{RT}^2 + \beta_T^2 \sigma_S^2$$

That is

$$\mu_{RT}^2 (1 - \beta_T^2 V_{RT}^2) - 2\mu_{RT}\mu_S + \mu_S^2 (1 - \beta_T^2 V_S^2) = 0$$

The target mean resistance, μ_{RT}, can be expressed as

$$\mu_{RT} = \frac{\mu_S + \mu_S \beta_T \sqrt{V_S^2 + V_R^2 - \beta_T^2 V_S^2 V_R^2}}{(1 - \beta_T^2 V_R^2)} \tag{13}$$

In general, for multiple load effects, the mean resistance can be expressed as

$$\mu_{RT} = \frac{\Sigma \mu_{Si} + \beta_T \sqrt{\Sigma \sigma_{Si}^2 (1 - \beta_T^2 V_R^2) + V_R^2 (\Sigma \mu_{Si})^2}}{(1 - \beta_T^2 V_R^2)} \tag{14}$$

One can see that for independent normal random variables, the explicit expression of target mean resistance like Eq. (13) and Eq. (14) can be easily obtained. However, for general case, such as for non-normal random variables, the explicit expression of target mean resistance cannot be given and iteration computation is generally required.

Determination of LRF under Lognormal Assumption

Consider Eq. (2) again, if R and S are mutually independent log-normal random variables with parameters λ_R, ζ_R and λ_S, ζ_S, the reliability index can be accurately given as

$$\beta = \frac{\lambda_R - \lambda_S}{\sqrt{\zeta_R^2 + \zeta_S^2}} \tag{15}$$

Substitute the equation above into Eq. (3), yields

$$\frac{\lambda_R - \lambda_S}{\sqrt{\zeta_R^2 + \zeta_S^2}} \geqslant \beta_T \tag{16a}$$

that is

$$\lambda_R - \lambda_S \geqslant \beta_T \sqrt{\zeta_R^2 + \zeta_S^2} = \beta_T \frac{\zeta_R^2 + \zeta_S^2}{\sqrt{\zeta_R^2 + \zeta_S^2}} = \frac{\beta_T \zeta_R^2}{\sqrt{\zeta_R^2 + \zeta_S^2}} + \frac{\beta_T \zeta_S^2}{\sqrt{\zeta_R^2 + \zeta_S^2}}$$

then we have

$$\lambda_R - \frac{\beta_T \zeta_R^2}{\sqrt{\zeta_R^2 + \zeta_S^2}} \geqslant \lambda_S + \frac{\beta_T \zeta_S^2}{\sqrt{\zeta_R^2 + \zeta_S^2}} \tag{16b}$$

Denote

$$\alpha_R = \frac{\zeta_R}{\sqrt{\zeta_R^2 + \zeta_S^2}}, \quad \alpha_S = \frac{\zeta_S}{\sqrt{\zeta_R^2 + \zeta_S^2}} \tag{16c}$$

as the direction cosines (also known as separating factors), respectively, for R and S, and note that

$$\lambda_R = \ln\frac{\mu_R}{\sqrt{1+V_R^2}}, \quad \lambda_S = \ln\frac{\mu_S}{\sqrt{1+V_S^2}}$$

Eq. (13) becomes

$$\ln\frac{\mu_R}{\sqrt{1+V_R^2}} - \zeta_R\alpha_R\beta_T \geqslant \ln\frac{\mu_S}{\sqrt{1+V_S^2}} + \zeta_S\alpha_S\beta_T$$

that is

$$\ln\left[\frac{\mu_R}{\sqrt{1+V_R^2}}\exp(-\zeta_R\alpha_R\beta_T)\right] \geqslant \ln\left[\frac{\mu_S}{\sqrt{1+V_S^2}}\exp(\zeta_S\alpha_S\beta_T)\right]$$

or

$$\frac{\mu_R}{\sqrt{1+V_R^2}}\exp(-\zeta_R\alpha_R\beta_T) \geqslant \frac{\mu_S}{\sqrt{1+V_S^2}}\exp(\zeta_S\alpha_S\beta_T) \tag{17}$$

where V_R and V_S are the coefficient of variation, respectively, of R and S,

Comparing Eq. (17) with Eq. (1), the load and resistance factor may be expressed as,

$$\phi = \frac{1}{\sqrt{1+V_R^2}}\exp(-\zeta_R\alpha_R\beta_T)\frac{\mu_R}{R_n} \tag{18a}$$

$$\gamma = \frac{1}{\sqrt{1+V_S^2}}\exp(\zeta_S\alpha_S\beta_T)\frac{\mu_S}{S_n} \tag{18b}$$

Under the log-normal assumption, Eq. (18) can be deduced accurately since R/S is a log-normal random variable. However, for the case of multiple load effects, explicit expressions for load and resistance factors cannot be deduced accurately even when all the basic random variables are independent random variables.

Example 2 To determine the target mean resistance in Eq. (18)

When the limit state is satisfied with the prescribed reliability level, β_T, Eq. (13) becomes

$$\lambda_{RT} = \lambda_S + \beta_T\sqrt{\zeta_R^2 + \zeta_S^2}$$

Then, the target mean resistance, μ_{RT}, can be expressed as

$$\mu_{RT} = \sqrt{1+V_R^2}\exp(\lambda_S + \beta_T\sqrt{\zeta_R^2 + \zeta_S^2}) \tag{19}$$

Determination of LRF by FORM

When R and S_i are non-normal random variables, the reliability index expressed in Eq. (5) is not correct. The reliability index can be obtained by the first order reliability method (FORM). The design format can be expressed as

$$R^* \geqslant \Sigma S_i^* \tag{20}$$

And the load and resistance factors can be obtained as

$$\phi = \frac{R^*}{R_n}, \ \gamma_i = \frac{S_i^*}{S_{ni}} \tag{21}$$

where R^* and S_i^* are the values, respectively, of variable R and S_i at the design point of FORM, in the original space.

According to Eq. , the design point in the standard normal space are given by

$$u_R^* = -\alpha_R\beta_T, \ u_{S_i}^* = -\alpha_{S_i}\beta_T, \ i = 1, 2, \cdots, n \tag{22}$$

where u_R^* and $u_{S_i}^*$ are the design point in the standard normal space which are obtained using derivative based iteration, and the explicit expressions of u_R^* and $u_{S_i}^*$ are not generally available.

Using the inverse Rosenblatt transformation, one has

$$R^* = F^{-1}[\Phi(u_R^*)], \ S_i^* = F^{-1}[\Phi(u_{S_i}^*)] \tag{23}$$

And the load and resistance factors can be expressed as

$$\phi = \frac{F^{-1}[\Phi(-\alpha_R\beta_T)]}{R_n}, \ \gamma_i = \frac{F^{-1}[\Phi(-\alpha_{S_i}\beta_T)]}{S_{in}} \tag{24}$$

Eq. (24) is the general expressions for load and resistance factors by FORM. In particularly, when R and S_i are independent normal random variables, Eq. (9) or Eq. (11) can be readily obtained, and when R and S_i are independent lognormal random variables, the inverse Rosenblatt transformation in Eq. (23) can be expressed as

$$R^* = \exp[\zeta_R(-\alpha_R\beta_T) + \lambda_R] = \exp(\lambda_R)\exp(-\zeta_R\alpha_R\beta_T)$$

$$S_i^* = \exp[\zeta_{S_i}(-\alpha_{S_i}\beta_T) + \lambda_{S_i}] = \exp(\lambda_{S_i})\exp(-\zeta_{S_i}\alpha_{S_i}\beta_T)$$

Since,

$$\lambda = \ln\frac{\mu}{\sqrt{1+V^2}}$$

Then one obtains

$$\phi = \frac{1}{\sqrt{1+V_R^2}}\exp(-\zeta_R\alpha_R\beta_T)\frac{\mu_R}{R_n} \tag{25a}$$

$$\gamma_i = \frac{1}{\sqrt{1+V_{S_i}^2}}\exp(-\zeta_{S_i}\alpha_{S_i}\beta_T)\frac{\mu_{S_i}}{S_{ni}} \tag{25b}$$

where α_R and α_{S_i} are the direction cosines at the design point in the standard normal space which are obtained using derivative based iteration and explicit expressions of α_R and α_{S_i} are not available. And needless to say α_R and α_{S_i} is not in form of Eq. (13). The flow chart for determining the load and resistance factors by FORM is illustrated in Figure 1.

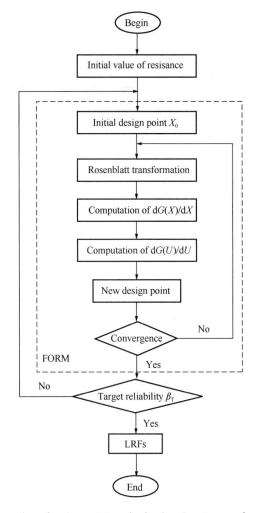

Figure 1   Flow chart for determining the load and resistance factors by FORM

Example 3

Consider the statically indeterminate beam show in Figure 2, which has been considered by Recommendations for limit state Design of Build-ings (AIJ, 2002). The beam is loaded by three uniformly distributed loads, i. e., the dead load (D), live load (L), and snow load (S), in which the snow load is the dominating road and timede-pendent load. The probabilistic member strength and

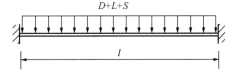

Figure 2   A statically indeterminate beam

loads are listed in Table 1. Assumed the design working life is 50 years.

The limit state function is expressed as

$$G(X) = M_P - (M_D + M_L + M_S)$$

where M_P is the resistance; $M_D = (Dl^2)/16$, $M_L = (Ll^2)/16$, and $M_S = (Sl^2)/16$ are the load effects of D, L, and S, respectively.

Determine the load and resistance factors for the performance function above, in order to achieve a reliability of $\beta=2.0$.

R or S_i	CDF	Mean/ Nominal	Mean	V_i	α_{3i}
D	Normal	1.0	μ_D	0.1	0.0
L	Lognormal	0.45	$0.3\mu_D$	0.4	1.264
S	Gumbel	0.47	$1.25\mu_D$	0.35	1.140
M_p	Lognormal	1.0	μ_{M_p}	0.1	0.301

Basic random variables for Example 3   **Table1**

Because S is a Gumbel random variable, the probability distribution of the maximum S during 50 years is also the Gumbel distribution (Melchers, 1999). The values of mean, Mean/nominal, coefficient of variation, and skewness corresponding to the maximum snow load during 50 years are readily obtained as: $\mu_{S50}=2.595\mu_D$, $\mu_{S50}/S_n=0.972$, $V_{S50}=0.169$, and $\alpha_{3S50}=1.140$.

Step 1, Assume the initial mean value of resistance

$$\mu_{Mp}^{(0)} = \mu_{M_D} + \mu_{M_L} + \mu_{M_S} = 3.895\mu_{M_D}$$

First iteration:

Step 2, Assume the mean value as an initial checking point

$$r^{(0)} = \mu_{M_p}^{(0)} = 3.895\mu_{M_D},$$

$$d^{(0)} = \mu_{M_D} = 1.0\mu_{M_D},$$

$$l^{(0)} = \mu_{M_L} = 0.3\mu_{M_D},$$

$$s^{(0)} = \mu_{M_S} = 2.595\mu_{M_D}$$

That is, $\boldsymbol{x}^{(0)} = \{3.895, 1.0, 0.3, 2.595\}\mu_{M_D}$

Step 3, Using the Rosenblatt transformation, obtain the corresponding checking point in the u-space,

$$u_R^{(0)} = \Phi^{-1}[F(r^{(0)})] = \frac{\ln r^{(0)} - \lambda_R}{\zeta_R} = 0.04988\mu_{M_D}$$

$$u_D^{(0)} = \Phi^{-1}[F(d^{(0)})] = \frac{d^{(0)} - \mu_D}{\sigma_D} = 0$$

$$u_L^{(0)} = \Phi^{-1}[F(l^{(0)})] = \frac{\ln l^{(0)} - \lambda_L}{\zeta_L} = 0.1926\mu_{M_D}$$

$$u_S^{(0)} = \Phi^{-1}[F(s^{(0)})] = 0.1773\mu_{M_D}$$

That is, $\boldsymbol{u}^{(0)} = \{0.04988, 0, 0.1926, 0.1773\}\mu_{M_D}$, the first order reliability index at the current stage is given as

$$\beta_F^{(0)} = \sqrt{\boldsymbol{u}^{(0)T}\boldsymbol{u}^{(0)}} = 0.2665$$

Step 4, Determine the Jacobian Matrix evaluated at the checking point $\boldsymbol{u}^{(0)}$,

Since R, D, L and S are independent,

$$\frac{\partial R}{\partial u_{\mathrm{D}}} = \frac{\partial R}{\partial u_{\mathrm{L}}} = \frac{\partial R}{\partial u_{\mathrm{S}}} = 0, \ \frac{\partial R}{\partial u_{\mathrm{R}}} = 0.3885$$

$$\frac{\partial D}{\partial u_{\mathrm{R}}} = \frac{\partial D}{\partial u_{\mathrm{L}}} = \frac{\partial D}{\partial u_{\mathrm{S}}} = 0, \ \frac{\partial D}{\partial u_{\mathrm{D}}} = 0.1$$

$$\frac{\partial L}{\partial u_{\mathrm{D}}} = \frac{\partial L}{\partial u_{\mathrm{R}}} = \frac{\partial L}{\partial u_{\mathrm{S}}} = 0, \ \frac{\partial L}{\partial u_{\mathrm{L}}} = 0.1156$$

$$\frac{\partial S}{\partial u_{\mathrm{D}}} = \frac{\partial S}{\partial u_{\mathrm{R}}} = \frac{\partial S}{\partial u_{\mathrm{L}}} = 0, \ \frac{\partial S}{\partial u_{\mathrm{S}}} = 0.4193$$

That is,

$$\boldsymbol{J} = \frac{\partial \boldsymbol{x}}{\partial \boldsymbol{u}}\bigg|_{x^{(0)}} = \begin{bmatrix} 0.3885 & 0 & 0 & 0 \\ 0 & 0.1 & 0 & 0 \\ 0 & 0 & 0.1156 & 0 \\ 0 & 0 & 0 & 0.4193 \end{bmatrix}$$

Step 5, Evaluate the performance function and gradient vector at $\boldsymbol{u}_0$.

$$G_{\mathrm{u}}(\boldsymbol{u}^{(0)}) = G(x^{(0)}) = 0$$

$$\nabla G(\boldsymbol{x}_0) = \{1 \ \ -1 \ \ -1 \ \ -1\}^{\mathrm{T}}$$

$$\nabla G(\boldsymbol{u}_0) = \boldsymbol{J}^{\mathrm{T}} \nabla G(\boldsymbol{x}_0) = \begin{bmatrix} 0.3885 & 0 & 0 & 0 \\ 0 & 0.1 & 0 & 0 \\ 0 & 0 & 0.1156 & 0 \\ 0 & 0 & 0 & 0.4193 \end{bmatrix} \begin{Bmatrix} 1 \\ -1 \\ -1 \\ -1 \end{Bmatrix} = \begin{Bmatrix} 0.3885 \\ -0.1 \\ -0.1156 \\ -0.4193 \end{Bmatrix}$$

Step 6, Obtain a new checking point

$$\boldsymbol{u}^{(1)} = \frac{1}{\nabla^{\mathrm{T}} G(\boldsymbol{u}_0) \nabla G(\boldsymbol{u}_0)} [\nabla^{\mathrm{T}} G(\boldsymbol{u}_0) \boldsymbol{u}_0 - G(\boldsymbol{u}_0)] \nabla G(\boldsymbol{u}_0)$$

$$= \left[\begin{Bmatrix} 0.3885 \\ -0.1 \\ -0.1156 \\ -0.4193 \end{Bmatrix}^{\mathrm{T}} \begin{Bmatrix} 0.3885 \\ -0.1 \\ -0.1156 \\ -0.4193 \end{Bmatrix} \right]^{-1} \left[\begin{Bmatrix} 0.3885 \\ -0.1 \\ -0.1156 \\ -0.4193 \end{Bmatrix}^{\mathrm{T}} \begin{Bmatrix} 0.04988 \\ 0 \\ 0.1926 \\ 0.1773 \end{Bmatrix} \mu_{M_{\mathrm{D}}} - 0 \right] \begin{Bmatrix} 0.3885 \\ -0.1 \\ -0.1156 \\ -0.4193 \end{Bmatrix}$$

$$= \begin{Bmatrix} -0.08571 \\ 0.02206 \\ 0.02550 \\ 0.09251 \end{Bmatrix} \mu_{M_{\mathrm{D}}}$$

and in the space of the original variables, the checking point is

$$\boldsymbol{x}^{(1)} = \boldsymbol{x}^{(0)} + \boldsymbol{J}(\boldsymbol{u}^{(1)} - \boldsymbol{u}^{(0)})$$

$$= \begin{Bmatrix} 3.895 \\ 1.0 \\ 0.3 \\ 2.595 \end{Bmatrix} \mu_{M_D} + \begin{bmatrix} 0.3885 & 0 & 0 & 0 \\ 0 & 0.1 & 0 & 0 \\ 0 & 0 & 0.1156 & 0 \\ 0 & 0 & 0 & 0.4193 \end{bmatrix} \left(\begin{Bmatrix} -0.08571 \\ 0.02206 \\ 0.02550 \\ 0.09251 \end{Bmatrix} \mu_{M_D} - \begin{Bmatrix} 0.04988 \\ 0 \\ 0.1926 \\ 0.1773 \end{Bmatrix} \mu_{M_D} \right)$$

$$= \begin{Bmatrix} 3.8423 \\ 1.0022 \\ 0.2807 \\ 2.5594 \end{Bmatrix} \mu_{M_D}$$

Step 7, Calculate reliability index

$$\beta_F^{(1)} = \sqrt{\boldsymbol{u}^{(1)^T} \boldsymbol{u}^{(1)}} = \sqrt{\begin{Bmatrix} -0.08571 \\ 0.02206 \\ 0.02550 \\ 0.09251 \end{Bmatrix}^T \begin{Bmatrix} -0.08571 \\ 0.02206 \\ 0.02550 \\ 0.09251 \end{Bmatrix}} = 0.1305$$

Step 8, the relative difference between $\beta_F^{(1)}$ and $\beta_F^{(0)}$ is given as

$$\varepsilon = \frac{|\beta_F^{(1)} - \beta_F^{(0)}|}{\beta_F^{(1)}} = \frac{|0.1305 - 0.2665|}{0.1305} = 1.042$$

since the difference is too large, repeat step 3 through 7 using the above $\boldsymbol{x}^{(1)}$ as the new checking point.

Repeat the computation process of step 3 through 7 until the convergence is achieved. The results of the first iteration are listed in Table 2, and the first order reliability index is determined as $\beta_1 = 0.129164$.

The result of the first iteration

Table 2

No.	X	x^*/μ_{M_D}	u^*/μ_{M_D}	J	$\nabla G(x)$	$\nabla G(u)$	u	β_F	ε
1	R	3.895	0.04988	diag(0.3885, 0.1, 0.1156, 0.4193)	1	0.3885	−0.08571	0.1305	1.042
	D	1	0		−1	−0.1	0.02206		
	L	0.3	0.1926		−1	−0.1156	0.0255		
	S	2.595	0.1773		−1	−0.4193	0.09251		
2	R	3.8423	−0.08664	diag(0.3833, 0.1, 0.1081, 0.4066)	1	0.3833	−0.08568	0.129165	0.0107
	D	1.0022	0.02206		−1	−0.1	0.02235		
	L	0.2807	0.01987		−1	−0.1081	0.02417		
	S	2.5594	0.09119		−1	−0.4066	0.09088		
3	R	3.8427	−0.08567	diag(0.3833, 0.1, 0.1083, 0.4065)	1	0.3833	−0.08568	0.129164	0.000005
	D	1.0022	0.02235		−1	−0.1	0.02235		
	L	0.2811	0.02417		−1	−0.1083	0.02421		
	S	2.5593	0.09088		−1	−0.4065	0.09087		

Step 9, the relative difference between the result of the first iteration β_1 and the target reliability index β_T is given as

$$\eta = \frac{|\beta_1 - \beta_T|}{\beta_T} = \frac{|0.129164 - 2|}{0.129164} = 0.9354$$

Since the difference is too large, repeat step 2 through 8 using the below $\mu_R^{(1)}$ as the new initial mean value of resistance.

$$\mu_{M_P}^{(1)} = \mu_{M_P}^{(0)} + (\beta_T - \beta_1) \times \sqrt{\Sigma \sigma_{x_i}^2} = 4.7155 \mu_{M_D}$$

The whole iterations are summarized in Table 3.

The whole iterations of Example 3   Table 3

Iter.	$\mu_R^{(0)}$	FORMIter.	$(R, D, L, S)/\mu_D$	u^*/μ_D	β_F	$\mu_R^{(1)}$
1	3.895	1	(3.895, 1.000, 0.300, 2.595)	(−0.086, 0.022, 0.026, 0.093)	0.131	4.716
		2	(3.842, 1.002, 0.281, 2.559)	(−0.086, 0.022, 0.024, 0.091)	0.129	
		3	(3.843, 1.002, 0.281, 2.559)	(−0.086, 0.022, 0.024, 0.091)	0.129	
2	4.716	1	(4.716, 1.000, 0.300, 2.595)	(−1.000, 0.213, 0.246, 0.891)	1.378	5.010
		2	(4.222, 1.021, 0.306, 2.894)	(−0.809, 0.192, 0.227, 1.018)	1.334	
		3	(4.327, 1.019, 0.304, 3.004)	(−0.783, 0.181, 0.212, 1.037)	1.329	
		4	(4.340, 1.018, 0.302, 3.019)	(−0.780, 0.180, 0.210, 1.040)	1.329	
...	...	...	...			...
12	5.311	1	(5.311, 1.000, 0.300, 2.595)	(−1.640, 0.310, 0.358, 1.299)	2.145	5.311
		2	(4.415, 1.031, 0.319, 3.065)	(−1.178, 0.267, 0.329, 1.590)	2.023	
		3	(4.69, 1.027, 0.316, 3.347)	(−1.093, 0.234, 0.284, 1.634)	1.999	
		4	(4.738, 1.023, 0.311, 3.404)	(−1.079, 0.228, 0.273, 1.644)	1.999	
13	5.311	1	(5.311, 1.000, 0.300, 2.595)	(−1.641, 0.310, 0.358, 1.299)	2.146	5.312
		2	(4.415, 1.031, 0.319, 3.065)	(−1.178, 0.267, 0.329, 1.590)	2.024	
		3	(4.690, 1.027, 0.316, 3.347)	(−1.093, 0.234, 0.285, 1.634)	2.000	
		4	(4.739, 1.023, 0.311, 3.405)	(−1.079, 0.228, 0.273, 1.645)	1.999	

The relative difference between the result of the 13th iteration β_{13} and the target reliability index β_T is given as

$$\eta = \frac{|\beta_{13} - \beta_T|}{\beta_T} = \frac{|1.99923 - 2.0|}{2.0} = 0.000385$$

One can see that the convergence has been achieved.

Step 9, Determine the load and resistance factors for the performance function.

Using the result in Table 3, the direction cosines at the design point in standard normal space $(−1.079, 0.22, 0.273, 1.645)$, is obtained as

$$\alpha = \frac{\nabla G(u)}{\sqrt{\nabla^T G(u) \nabla G(u)}} = \begin{Bmatrix} 0.5398 \\ -0.1142 \\ -0.1367 \\ -0.8228 \end{Bmatrix}^T$$

Then, the design point in the original space is given as

$$x^* = F^{-1}[\Phi(u^*)] = F^{-1}[\Phi(-\alpha\beta_T)] = \{4.7448 \quad 1.0228 \quad 0.3095 \quad 3.4137\}_{\mu_{M_D}} \alpha$$

Therefore, the load and resistance factors can be obtained as

$$\phi = \frac{M_P^*}{M_{P_n}} = \frac{F^{-1}[\Phi(-\alpha_{M_P}\beta_T)]}{\mu_{M_P}} \cdot \frac{\mu_{M_P}}{M_{P_n}} = \frac{4.7448}{5.3112} \cdot 1.0 = 0.893$$

$$\gamma_{M_D} = \frac{M_D^*}{M_{D_n}} = \frac{F^{-1}[\Phi(-\alpha_{M_D}\beta_T)]}{\mu_{M_D}} \cdot \frac{\mu_{M_D}}{M_{D_n}} = \frac{1.0228}{1.0} \cdot 1.0 = 1.023$$

$$\gamma_{M_L} = \frac{M_L^*}{M_{L_n}} = \frac{F^{-1}[\Phi(-\alpha_{M_L}\beta_T)]}{\mu_{M_L}} \cdot \frac{\mu_{M_L}}{M_{L_n}} = \frac{0.3095}{0.3} \cdot 0.45 = 0.464$$

$$\gamma_{M_S} = \frac{M_S^*}{M_{S_n}} = \frac{F^{-1}[\Phi(-\alpha_{M_S}\beta_T)]}{\mu_{M_S}} \cdot \frac{\mu_{M_S}}{M_{S_n}} = \frac{3.4137}{2.595} \cdot 0.972 = 1.279$$

The LRFD format and the target mean resistance for this example using FORM are

$$0.89 M_{P_n} \geqslant 1.02 M_{D_n} + 0.46 M_{L_n} + 1.28 M_{S_n}$$

$$\mu_{M_P} \geqslant 5.31 \mu_{M_D}$$

where $M_{D_n} = (D_n l^2)/16$, $M_{L_n} = (L_n l^2)/16$, and $M_{S_n} = (S_n l^2)/16$.

From Fig. 1 and Example 3, in the determination of the load and resistance factors using FORM, the "design point" must be determined and derivative-based iterations have to be used. As described in the introduction, there will be a necessity for designers to determine the load and resistance factors by themselves in order to conduct structural design more flexibly and realize the performance design. Furthermore, in the methods above all the basic random variables are assumed to have known probability density functions (PDFs), there is a practical need to develop methods for determining the LRFs with inclusion of random variables with unknown PDFs.

Since the first few moments of a random variable is much easier to be obtained than its PDF, the next sections will use the method of moment as a reliability approach in the determination of load and resistance factors.

LOAD AND RESISTANCE FACTORSBY 3M METHOD

Determination of Load and Resistance Factors using 3M Method

For a performance function G (X), as shown in Chapter 4, the third moment reliability index can be obtained as (Zhao and Lu 2006)

$$\beta_{3M} = -\frac{\alpha_{3G}}{6} - \frac{3}{\alpha_{3G}} \ln\left(1 - \frac{1}{3}\alpha_{3G}\beta_{2M}\right) \tag{26}$$

where

$$\beta_{2M} = \frac{\mu_G}{\sigma_G} = \frac{\mu_R - \sum \mu_{Si}}{\sigma_G} \tag{27a}$$

$$\sigma_G = \sqrt{\sigma_R^2 + \sum \sigma_{Si}^2} \tag{27b}$$

α_{3G} is the skewness of $G(X)$ which can be computed by

$$\alpha_{3G} = \frac{1}{\sigma_G^3}(\alpha_{3R}\sigma_R^3 - \Sigma\,\alpha_{3i}\sigma_{Si}^3) \tag{27c}$$

where α_{3R} and α_{3Si} are the skewness of R and S_i, β_{2M} and β_{3M} are the second and third moment reliability index.

Substituting Eq. (26) into the design format described in Eq. (3) yields,

$$\beta_{3M} \geqslant \beta_T \tag{28}$$

That is,

$$-\frac{\alpha_{3G}}{6} - \frac{3}{\alpha_{3G}}\ln\left(1 - \frac{1}{3}\alpha_{3G}\beta_{2M}\right) \geqslant \beta_T$$

Reorganize the equation above, produces

$$\beta_{2M} \geqslant \frac{3}{\alpha_{3G}}\left\{1 - \exp\left[\frac{\alpha_{3G}}{3}\left(-\beta_T - \frac{\alpha_{3G}}{6}\right)\right]\right\} \tag{29}$$

Denoting the right side of Eq. (29) as β_{2T}, one obtains

$$\beta_{2M} \geqslant \beta_{2T} \tag{30}$$

$$\beta_{2T} = \frac{3}{\alpha_{3G}}\left\{1 - \exp\left[\frac{\alpha_{3G}}{3}\left(-\beta_T - \frac{\alpha_{3G}}{6}\right)\right]\right\} \tag{31}$$

Equation (30) is as same as Eq. (3). It means that if the second moment reliability index β_{2M} is at least equal to β_{2T}, the reliability index β will be at least equal to the target reliability index β_T, and the required reliability will satisfied. Therefore, β_{2T} can be considered to be a target value of β_{2M}, and is denoted as the target second moment reliability index hereafter.

Since Eq. (30) is as same as Eq. (4) except the right side is β_{2T}, the load and resistance factors corresponding to Eq. (30) can be easily obtained by substituting β_T in the right side of Eq. (11) with β_{2T}

$$\phi = (1 - \alpha_R V_R\beta_{2T})\frac{\mu_R}{R_n} \tag{32a}$$

$$\gamma_i = (1 + \alpha_{Si}V_{Si}\beta_{2T})\frac{\mu_{Si}}{S_{ni}} \tag{32b}$$

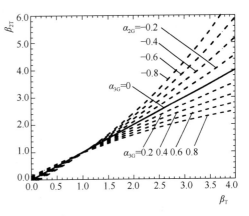

Figure 3　Target SM Reliability Index

The variation of the target second moment reliability index β_{2T} with respect to the target reliability index β_T is shown in Figure 3. From Figure 3, one can see that β_{2T} is larger than β_T for negative α_{3G} and smaller than β_T for positive α_{3G}. When $\alpha_{3G}=0$, $\beta_{2T}=\beta_T$, then, Eq. (30) becomes exactly the same as Eq. (4), and the load and resistance factors can be determined using Eq. (11).

Estimation of the Mean Value of Resistance

Since the load and resistance factors are determined when reliability index is equal to the target reliability referred as target mean resistance. The target mean index, the mean value of resistance should be determined under this condition hereafter it is resistance is computed using the following equation (Takada 2001).

$$\mu_{Rk} = \mu_{Rk-1} + (\beta_T - \beta_{k-1})\sigma_G \tag{33}$$

where μ_{Rk} and μ_{Rk-1} are the kth and $(k-1)$ th iteration value of the mean value of resistance; β_{k-1} is the $(k-1)$ th iteration value of the third moment reliability index.

The procedure of determining the load and resistance factors using Eq. (33) are as following:

(1) Assume $\mu_{R0} = \Sigma \mu_{Si}$.

(2) Calculate μ_G, σ_G, and α_{3G} using Eq. (27) and determine β_{2M} with the aid of Eq. (27).

(3) Calculate β_{3M} using Eq. (26).

(4) Calculate μ_{Rk} using Eq. (33).

(5) Repeat the computation process of (2) $\sim$ (4) until $|\beta_T - \beta_{k-1}| < 0.0001$, and then the target mean resistance is determined.

(6) Determine the load and resistance factors using Eq. (32).

Example 4

Consider the limit state function in Example 3. Determine the load and resistance factors using 3M method, in order to achieve a reliability of $\beta = 2.0$.

Step 1, Assume the initial mean value of resistance.

$$\mu_{Mp0} = \Sigma \mu_{Ms_i} = 1.0\mu_{M_D} + 0.3\mu_{M_D} + 2.595\mu_{M_D} = 3.895\mu_{M_D}, \ \mu_{M_D0} = (\mu_D l^2)/16$$

Step 2, Calculate μ_G, σ_G, and α_{3G} using Eq. (27) and determine β_{2M} with the aid of Eq. (27).

$$\mu_G = \mu_R - \Sigma \mu_{Si} = \mu_{Mp0} - \Sigma \mu_{Ms_i} = 0$$

$$\sigma_G = \sqrt{\sigma_R^2 + \Sigma \sigma_{Si}^2} = 0.607\mu_{M_D}$$

$$\alpha_{3G} = \frac{1}{\sigma_G^3}(\alpha_{3R}\sigma_R^3 - \Sigma \alpha_{3i}\sigma_{Si}^3) = -0.360$$

$$\beta_{2M} = \frac{\mu_G}{\sigma_G} = \frac{\mu_R - \Sigma \mu_{Si}}{\sigma_G} = 0$$

Step 3, Calculate β_{3M} using Eq. (26).

$$\beta_{3M0} = -\frac{\alpha_{3G}}{6} - \frac{3}{\alpha_{3G}}\ln\left(1 - \frac{1}{3}\alpha_{3G}\beta_{2M}\right) = 0.06003$$

Step 4, Calculate μ_{Mp1} using Eq. (33).

$$\mu_{Mp1} = \mu_{Mp0} + (\beta_T - \beta_{3M})\sigma_G = 5.073$$

Step 5, the difference between β_T and β_{3M} is given as

$$\varepsilon = |\beta_T - \beta_{3M}| = |2.0 - 0.06003| = 1.93997 > 0.0001$$

Since , the difference is too large, the above computation process should be repeated until $|\beta_T - \beta_{k-1}| < 0.001$. The whole iterations are summarized as following Table 4.

Iter. No.	$\mu_{Mp(k)}$	μ_G	σ_G	β_{2M}	α_{3G}	β_{3M}	$\mu_{Mp(k+1)}$	ε
1	$3.895\mu_{M_D}$	0	$0.607\mu_{M_D}$	0	-0.360	0.060	$5.073\mu_{M_D}$	1.940
2	$5.073\mu_{M_D}$	$1.178\mu_{M_D}$	$0.689\mu_{M_D}$	1.710	-0.181	1.658	$5.308\mu_{M_D}$	0.342
3	$5.308\mu_{M_D}$	$1.413\mu_{M_D}$	$0.706\mu_{M_D}$	2.001	-0.152	1.932	$5.356\mu_{M_D}$	0.068
4	$5.356\mu_{M_D}$	$1.461\mu_{M_D}$	$0.710\mu_{M_D}$	2.059	-0.146	1.987	$5.366\mu_{M_D}$	0.013
5	$5.366\mu_{M_D}$	$1.471\mu_{M_D}$	$0.710\mu_{M_D}$	2.07	-0.145	1.997	$5.367\mu_{M_D}$	0.003
6	$5.367\mu_{M_D}$	$1.472\mu_{M_D}$	$0.711\mu_{M_D}$	2.073	-0.144	2.000	$5.368\mu_{M_D}$	5×10^{-4}

One can see that the convergence has been achieved. The target mean resistance obtained by 3M method is $\mu_{MpT} = 5.368\mu_{M_D}$.

Calculate α_{M_p}, and $\alpha_{M_{Si}}$ using Eq. (12a) and determine β_{2T} with the aid of Eq. (31).

$$\alpha_{M_p} = \sigma_{M_p}/\sigma_G = 0.755$$

$$\alpha_{M_D} = \sigma_{M_D}/\sigma_G = 0.141$$

$$\alpha_{M_L} = \sigma_{M_L}/\sigma_G = 0.169$$

$$\alpha_{M_{S50}} = \sigma_{M_{S50}}/\sigma_G = 0.617$$

$$\beta_{2T} = \frac{3}{\alpha_{3G}}\left\{1 - \exp\left[\frac{\alpha_{3G}}{3}\left(-\beta_T - \frac{\alpha_{3G}}{6}\right)\right]\right\} = 2.073$$

step6, Determine the load and resistance factors using Eq. (32).

$$\phi = \mu_{M_p}(1 - \alpha_{M_p}V_{M_p}\beta_{2T})/R_n = 0.843$$

$$\gamma_{M_D} = \mu_{M_D}(1 + \alpha_{M_D}V_{M_D}\beta_{2T})/D_n = 1.029$$

$$\gamma_{M_L} = \mu_{M_L}(1 + \alpha_{M_L}V_{M_L}\beta_{2T})/L_n = 0.513$$

$$\gamma_{M_{S50}} = \mu_{M_{S50}}(1 + \alpha_{M_{S50}}V_{M_{S50}}\beta_{2T})/S_n = 1.182$$

The LRFD format and the target mean resistances using the 3M method are obtained as

$$0.84M_{P_n} \geqslant 1.03M_{D_n} + 0.51M_{L_n} + 1.18M_{S_n}$$

$$\mu_{M_p} \geqslant 5.37\mu_{M_D}$$

where $M_{D_n} = (D_n l^2)/16$, $M_{L_n} = (L_n l^2)/16$, and $M_{S_n} = (S_n l^2)/16$.

A Simple Formula for Approximating the Iteration Computation

The determination of the target mean resistance using the above method will have to carry out iteration computation and is inconvenient for users or designers. For obvious reasons, the computation for the users or designers should be as simple and accuracy as possible. In the following, a simple formula for approximating the iteration computation will be proposed.

At the limit state, according to Eq. (2) and Eq. (4), one obtains

$$\mu_R = \Sigma \mu_{Si} + \beta_{2T} \sigma_G \tag{34}$$

For the above equation, μ_{Si} are known, and since μ_R is remained to be determined, the values of σ_G and β_{2T}, which are the functions of μ_R, are still unknown. Thus, in order to obtain the target mean resistance, an initial value of the mean resistance μ_{R0} has to be assumed. Note, Eq. (34) can be expressed as

$$\mu_R = \Sigma \mu_{Si} + \beta_{2T} \sigma_G = \Sigma \mu_{Si}$$
$$+ \frac{3}{\alpha_{3G}} \left\{ 1 - \exp\left[\frac{\alpha_{3G}}{3} \left(-\beta_T - \frac{\alpha_{3G}}{6} \right) \right] \right\} \times \left(\sqrt{1 + (\mu_R V_R)^2 / \Sigma \sigma_{Si}^2} \right) \sqrt{\Sigma \sigma_{Si}^2} \tag{35}$$

Since Eq. (26) is derived when $|\alpha_{3G}| < 1$ (Zhao $et\ al.$, 2006), and μ_R will become larger as β_T become larger, the following approximation was obtained through trial and error.

$$\frac{3}{\alpha_{3G}} \left\{ 1 - \exp\left[\frac{\alpha_{3G}}{3} \left(-\beta_T - \frac{\alpha_{3G}}{6} \right) \right] \right\} \times \left(\sqrt{1 + (\mu_R V_R)^2 / \Sigma \sigma_{Si}^2} \right) \approx \sqrt{\beta_T^{3.5}} \tag{36}$$

Thus, the initial value μ_{R_0} can be assumed as

$$\mu_{R_0} = \Sigma \mu_{Si} + \sqrt{\beta_T^{3.5} \Sigma \sigma_{Si}^2} \tag{37}$$

Through the discussion above, a simple formula for approximating the iteration computation of the target mean resistance is proposed as

$$\mu_{RT} = \Sigma \mu_{Si} + \beta_{2T_0} \sigma_{G_0} \tag{38}$$

where μ_{RT} = the target mean resistance, σ_{G_0} = the standard deviation of $G(X)$ and β_{2T0} = the target 2M reliability index are obtained using μ_{R0}.

The procedure of determining the load and resistance factors using the present simple formula are as following:

(1) Calculate μ_{R0} using the Eq. (37).

(2) Calculate σ_{G0}, α_{3G0}, and β_{2T0} using Eq. (27), Eq. (31), respectively, and determine μ_{RT} with the aid of Eq. (38).

(3) Calculate σ_G, α_{3G}, and β_{2T} using Eq. (27), Eq. (31), respectively, and calculate α_R and α_{Si} with the aid of Eq. (12).

(4) Determine the load and resistance factors using Eq. (32).

Example 5

Consider the limit state function in Example 3. Determine the target mean resistance using simple formula and determine the load and resistance factors using 3M method, in order to achieve a reliability of $\beta = 2.0$.

According to Eq. (37)

$$\mu_{M_{p0}} = \Sigma \mu_{M_{S_i}} + \sqrt{\beta_T^{3.5} \Sigma \sigma_{M_{S_i}}^2} = 5.461 \mu_{M_D}, \quad \mu_{Mp0} = (\mu_D l^2)/16$$

σ_{G0}, α_{3G0}, and β_{2T0} can be obtained using Eq. (27b), Eq. (27c) and Eq. (31), respectively,

$$\sigma_{G0} = \sqrt{\sigma_{M_{p0}}^2 + \Sigma \sigma_{M_{S_i}}^2} = 0.718 \mu_{M_D}$$

$$\alpha_{3G0} = (\alpha_{3M_p} \sigma_{M_{p0}}^3 - \Sigma \alpha_{3M_{S_i}} \sigma_{M_{S_i}}^3)/\sigma_{G0}^3 = -0.133$$

$$\beta_{2T0} = \frac{3}{\alpha_{3G0}} \left\{ 1 - \exp\left[\frac{\alpha_{3G0}}{3} \left(-\beta_T - \frac{\alpha_{3G0}}{6} \right) \right] \right\} = 2.067$$

The target mean resistance μ_{MpT} can be estimated with aid of Eq. (38)

$$\mu_{MpT} = \Sigma \mu_{M_{S_i}} + \beta_{2T_0} \sigma_{G_0} = 5.379 \mu_{M_D}$$

Then σ_G, α_{3G}, and β_{2T} can be obtained as

$\sigma_G = 0.711 \mu_{M_D}$, $\alpha_{3G} = -0.143$, $\beta_{2T} = 2.072$

Since $-1.0 < \alpha_{3G} = -0.143 < 0.386$, it is in the applicable range of the third-moment method.

Calculate α_{M_p} and $\alpha_{M_{S_i}}$ with aid of Eq. (12)

$$\alpha_{M_p} = \sigma_{M_p}/\sigma_G = 0.756$$

$$\alpha_{M_D} = \sigma_{M_D}/\sigma_G = 0.141$$

$$\alpha_{M_L} = \sigma_{M_L}/\sigma_G = 0.169$$

$$\alpha_{M_{S50}} = \sigma_{M_{S50}}/\sigma_G = 0.617$$

Determine the load and resistance factors using Eq. (32)

$$\phi = \mu_{M_p}(1 - \alpha_{M_p} V_{M_p} \beta_{2T})/R_n = 0.843$$

$$\gamma_{M_D} = \mu_{M_D}(1 + \alpha_{M_D} V_{M_D} \beta_{2T})/D_n = 1.029$$

$$\gamma_{M_L} = \mu_{M_L}(1 + \alpha_{M_L} V_{M_L} \beta_{2T})/L_n = 0.513$$

$$\gamma_{M_{S50}} = \mu_{M_{S50}}(1 + \alpha_{M_{S50}} V_{M_{S50}} \beta_{2T})/S_n = 1.182$$

The LRFD format and the target mean resistance for this example using the present method are obtained as

$$0.84 M_{P_n} \geqslant 1.03 M_{D_n} + 0.51 M_{L_n} + 1.18 M_{S_n}$$

$$\mu_{M_p} \geqslant 5.37 \mu_{M_D}$$

where $M_{D_n} = (D_n l^2)/16$, $M_{L_n} = (L_n l^2)/16$, and $M_{S_n} = (S_n l^2)/16$.

The LRFD format and the target mean resistance for this example using FORM are

$$0.89M_{P_n} \geqslant 1.02M_{D_n} + 0.46M_{L_n} + 1.28M_{S_n}$$

$$\mu_{M_p} \geqslant 5.31\mu_{M_D}$$

The LRFD format for this example using the practical method (Mori, 2002; AIJ, 2002) is

$$0.88M_{P_n} \geqslant 1.02M_{D_n} + 0.49M_{L_n} + 1.28M_{S_n}$$

$$\mu_{M_p} \geqslant 5.40\mu_{M_D}$$

From this example, one can see that although the load and resistance factors obtained using the present method are different from those obtained using FORM, the designed resistances under a specific design condition of the present method are quite close to those of FORM.

Example 6

Consider the following performance function

$$G(X) = R - (D+L+E) \tag{39}$$

where R is the resistance; D denotes the Dead load effect; L denotes the Live load effect, and E is the maximum earthquake load effect during 50 years .

The CDFs of D, L, and E are unknown, the known information are listed in Table 5.

Basic random variables for Example 6   Table 5

R or S_i	CDFs	μ_i/S_{ni} or μ_R/R_n	Mean	V_i	α_{3i}
R	unknown	1.10	μ_R	0.3	0.927
D	unknown	1.0	μ_D	0.1	0.0
L	unknown	0.45	$0.5\mu_D$	0.4	1.264
E	unknown	0.16	$5\mu_{M_p}$	1.3	6.097

Determine the load and resistance factors for the performance function of Eq. (39), in order to achieve a reliability of $\beta=2.4$.

According to Eq. (37)

$$\mu_{R0} = \Sigma\mu_{Si} + \sqrt{\beta_T^{3.5}\Sigma\sigma_{Si}^2} = 36.598\mu_D$$

σ_{G0}, α_{3G0}, and β_{2T0} can be obtained using Eq. (27), and Eq. (31), respectively,

$$\sigma_{G0} = \sqrt{\sigma_R^2 + \Sigma\sigma_{Si}^2} = 12.761\mu_D$$

$$\alpha_{3G0} = (\alpha_{3R}\sigma_{R0}^3 - \Sigma\alpha_{3Si}\sigma_{Si}^3)/\sigma_{G0}^3 = -0.215$$

$$\beta_{2T0} = \frac{3}{\alpha_{3G0}}\left\{1 - \exp\left[\frac{\alpha_{3G0}}{3}\left(-\beta_T - \frac{\alpha_{3G0}}{6}\right)\right]\right\} = 2.577$$

The target mean resistance μ_{RT} can be estimated with aid of Eq. (38)

$$\mu_{RT} = \Sigma\mu_{Si} + \beta_{2T_0}\sigma_{G_0} = 39.380\mu_D$$

Then σ_G, α_{3G}, and β_{2T} can be obtained as

$$\sigma_G = 13.486\mu_D, \quad \alpha_{3G} = -0.059, \quad \beta_{2T} = 2.448$$

Since $-0.982 < \alpha_{3G} = -0.059 < 0.327$, it is in the applicable range of the third-moment method.

Calculate α_R and α_{S_i} with the aid of Eq. (12)

$$\alpha_R = \sigma_R/\sigma_G = 0.876$$

$$\alpha_D = \sigma_D/\sigma_G = 0.007$$

$$\alpha_L = \sigma_L/\sigma_G = 0.015$$

$$\alpha_E = \sigma_E/\sigma_G = 0.482$$

Determine the load and resistance factors using Eq. (32)

$$\phi = \mu_R (1 - \alpha_R V_R \beta_{2T})/R_n = 0.392$$

$$\gamma_D = \mu_D (1 + \alpha_D V_D \beta_{2T})/D_n = 1.002$$

$$\gamma_L = \mu_L (1 + \alpha_L V_L \beta_{2T})/L_n = 0.457$$

$$\gamma_E = \mu_E (1 + \alpha_E V_E \beta_{2T})/S_n = 0.405$$

The LRFD format and the target mean resistance for this example using the third-moment are obtained as

$$0.39R_n \geqslant 1.0D_n + 0.46L_n + 0.41E_n$$

$$\mu_R \geqslant 39.74\mu_D$$

Example 7

Consider the following nonlinear performance function of the fully plastic flexural capacity of a steel beam section

$$G(X) = YZ - M \tag{40}$$

where

Y=the yield strength of steel, a lognormal variable.

Z=section modulus of the section, a lognormal variable.

M=the applied bending moment at the pertinent section, a Gumbel variable.

Determine the mean design section for the performance function of Eq. (40), in order to achieve a reliability of $\beta=2.5$.

As this a design problem, the purpose of the design is for determining the appropriate μ_Z for any give μ_M to satisfy the required reliability. With $\mu_Y=40$ksi, the coefficients of variation of Y, Z, and M are $V_Y=0.125$, $V_Z=0.05$ and $V_M=0.20$, respectively. We determine the required design section as follows.

First to calculate the value of μ_{Z0}

$$\mu_G = \mu_Y \mu_{Z_0} - \mu_M = \sqrt{\beta_T^{3.5} \sigma_M^2}$$

$$\mu_{Z_0} = \left(\sqrt{\beta_T^{3.5} \sigma_M^2} + \mu_M\right)/\mu_Y = 4.985 \times 10^{-2} \mu_M$$

Let $R=YZ$, then

$$\sigma_{R_0} = \sigma_{YZ_0} = \sqrt{(\mu_Y \mu_{Z_0})^2 [(1+V_Y^2)(1+V_Z^2) - 1]} = 0.269\mu_M$$

Therefore

$$\sigma_{G_0} = \sqrt{\sigma_{R0}^2 + \sigma_M^2} = 0.335\mu_M$$

The skewess of Y, Z, and M are readily obtained as

$$\alpha_{3Y} = 0.377,\ \alpha_{3Z} = 0.150,\ \alpha_{3M} = 1.14$$

The skewess of R can be obtained by

$$\alpha_{3R_0} = \alpha_{3YZ_0} = [(\alpha_{3Y}V_Y^3 + 3V_Y^2 + 1)(\alpha_{3Z}V_Z^3 + 3V_Z^2 + 1) - 3(V_Y^2 + 1)(V_{Z_0}^2 + 1) + 2]/V_{YZ_0}^3$$

$$= 0.4068$$

Thus

$$\alpha_{3G_0} = [(\alpha_{3R_0}\sigma_{R_0}^3 - \alpha_{3M}\sigma_M^3]/\sigma_{G_0}^3 = -0.0324$$

At the limit-state, the appropriate μ_{ZT} is obtained as

$$\mu_{ZT} = \left\{\mu_M + \left[\frac{3}{\alpha_{3G0}}\left\{1 - \exp\left[\frac{\alpha_{3G0}}{3}\left(-\beta_T - \frac{\alpha_{3G0}}{6}\right)\right]\right\}\right]\sigma_{G_0}\right\}/\mu_Y = 0.0462\mu_M$$

At the limit-state, the design result of μ_{ZT} using FORM is obtained as $\mu_{ZT} = 0.0466\mu$. The relative difference of the results between the two methods is less than 1.0%.

From the numerical examples, one can see that the third moment method does neither need the iterative computation of derivatives, nor require any design points. The designers or users can easily conduct the reliability-based design with the aid of the present method. Apparently, if the first three moments of the basic random variables are known, using the present method the reliability-based design can be realized even when the probability distributions of the basic random variables are unknown.

GENERAL EXPRESSIONS OF LOAD AND RESISTANCE FACTORS USING METHOD OF MOMENTS

The LRF formula above can be expand to general case of using the first several moments of $Z = G(X)$.

Let

$$Z_S = \frac{Z - \mu_G}{\sigma_G}$$

Suppose the relationship between the standardized variable Z_S expressed above and the standard normal variable u can be expressed as the following functions the first several moments of $Z = G(X)$,

$$Z_S = S(U, M) \tag{41a}$$

$$U = S^{-1}(Z_S, M) \tag{41b}$$

where M is a vector denoting the first several moments of $Z = G(X)$ and S^{-1} is the inverse function of S.

According to Eq. the moment based reliability index is expressed as

$$\beta = -\Phi^{-1}(P_{\mathrm{F}}) = -S^{-1}(-\beta_{2\mathrm{M}}, \boldsymbol{M}) \tag{42}$$

where $\beta_{2\mathrm{M}}$ is the second-moment reliability index.

Substituting Eq. (42) into the design format described in Eq. (3) yields,

$$\beta = -S^{-1}(-\beta_{2\mathrm{M}}, \boldsymbol{M}) \geqslant \beta_{\mathrm{T}} \tag{43a}$$

From which,

$$\beta_{2\mathrm{M}} \geqslant -S(-\beta_{\mathrm{T}}, \boldsymbol{M}) \tag{43b}$$

Denoting the right side of Eq. (43b) as $\beta_{2\mathrm{T}}$, one obtains

$$\beta_{2\mathrm{M}} \geqslant \beta_{2\mathrm{T}} \tag{44a}$$

$$\beta_{2\mathrm{T}} = -S(-\beta_{\mathrm{T}}, \boldsymbol{M}) \tag{44b}$$

Eq. (44a) is as same as Eq. (3). It means that if the second moment reliability index $\beta_{2\mathrm{M}}$ is at least equal to $\beta_{2\mathrm{T}}$, the reliability index β will be at least equal to the target reliability index β_{T}, and the required reliability is satisfied. Therefore, $\beta_{2\mathrm{T}}$ is denoted as the target second moment reliability index.

If the relationship between the standardized variable Z_{S} and the standard normal variable U is expressed as the following equation,

$$Z_{\mathrm{S}} = \sum_{i=0}^{n} a_i U^i \tag{45}$$

Then $\beta_{2\mathrm{T}}$ is expressed as

$$\beta_{2\mathrm{T}} = -\sum_{i=0}^{n} a_i (-\beta_{\mathrm{T}})^i \tag{46}$$

Since Eq. (44a) is the same as Eq. (4) except that the right side is $\beta_{2\mathrm{T}}$, the load and resistance factors corresponding to Eq. (44a) can be easily obtained by substituting β_{T} in the right side of Eq. (4) with $\beta_{2\mathrm{T}}$. The design formula then becomes

$$\mu_{\mathrm{R}}(1 - \alpha_{\mathrm{R}} V_{\mathrm{R}} \beta_{2\mathrm{T}}) \geqslant \sum \mu_{\mathrm{S}i}(1 + \alpha_{\mathrm{S}i} V_{\mathrm{S}i} \beta_{2\mathrm{T}}) \tag{47}$$

and the load and resistance factors are obtained as,

$$\phi = (1 - \alpha_{\mathrm{R}} V_{\mathrm{R}} \beta_{2\mathrm{T}}) \frac{\mu_{\mathrm{R}}}{R_{\mathrm{n}}} \tag{48a}$$

$$\gamma_i = (1 + \alpha_{\mathrm{S}i} V_{\mathrm{S}i} \beta_{2\mathrm{T}}) \frac{\mu_{\mathrm{S}i}}{S_{\mathrm{n}i}} \tag{48b}$$

where

α_{R} and $\alpha_{\mathrm{S}i}$ are the same as Eq. (7).

V_{R} and $V_{\mathrm{S}i} =$ the coefficient of variation, respectively, of R and S_i.

α_{R} and $\alpha_{\mathrm{S}i} =$ the direction cosines, respectively, for R and S_i.

$\beta_{2\mathrm{T}} =$ the target second moment reliability index calculated from Eq. (46).

Since the formula above is based on the first few moments of the load and resistances, the LRFs can be determined even when the distributions of the random variables are unknown.

DETERMINATION OF LOAD AND RESISTANCE FACTORS USING 4M METHOD

Basic Formulas

The standardized variable Z_S can be expressed as a polynomial function of the standard normal variable U as the following equation which was suggested by Fleishman (1978) by which transformation is formulated as

$$Z_S = a_1 + a_2 U + a_3 U^2 + a_4 U^3 \qquad (49)$$

where a_1, a_2, a_3 and a_4 are the polynomial coefficients that can be obtained by making the first four moments of the left side of Eq. (49) equal to those of the right side.

Eq. (49) is simple if the coefficients a_1, a_2, a_3, and a_4 are known. However, the determination of the four coefficients is not easy, since the solution of nonlinear equations has to be found when using Eq. (49) (Fleishman, 1978), an alternative way may be the simple and explicit fourth moment standardization function (Zhao and Lu, 2007).

$$Z_S = S(U) = -l_1 + k_1 U + l_1 U^2 + k_2 U^3 \qquad (50)$$

where $S(U)$ denotes the third polynomial of u; the coefficients l_1, k_1, and k_2 are given as:

$$l_1 = \frac{\alpha_{3G}}{6(1 + 6l_2)}, \quad l_2 = \frac{1}{36}\left(\sqrt{6\alpha_{4G} - 8\alpha_{3G}^2 - 14} - 2\right) \qquad (51a)$$

$$k_1 = \frac{1 - 3l_2}{(1 + l_1^2 - l_2^2)}, \quad k_2 = \frac{l_2}{(1 + l_1^2 + 12l_2^2)} \qquad (51b)$$

where α_{4G} = the 4th dimensionless central moment, i. e., the kurtosis of $G(\boldsymbol{X})$, which is calculated from

$$\alpha_{4G} = \frac{1}{\sigma_G^4}\left(\alpha_{4R}\sigma_R^4 + 6\sigma_R^2\sum_{i=1}^n \sigma_{Si}^2 + \sum_{i=1}^n \alpha_{4R}\sigma_{Si}^4 + 6\sum_{i=1}^{n-1}\sum_{j>i}^n \sigma_i^2\sigma_j^2\right) \qquad (52)$$

where α_{4R}, α_{4i} are the kurtosis of R and S_i, respectively.

In this Section, Eq. (50) will be used to obtain the target second moment reliability index, which is given as

$$\beta_{2T} = l_1 + k_1\beta_T - l_1\beta_T^2 + k_2\beta_T^3 \qquad (53)$$

Especially when $\alpha_{4G} = 3$ and α_{3G} is small enough, one has $l_2 = k_2 = 0$, $k_1 = 1$, $l_1 = \frac{1}{6}\alpha_{3G}$, Eq. (50) becomes

$$\beta_{2T} = \beta_T - \frac{1}{6}\alpha_{3G}(\beta_T^2 - 1) \qquad (54)$$

which is essentially as the same as the target second moment reliability index obtained by the third moment method.

When $\alpha_{4G} = 3$ and $\alpha_{3G} = 0$, Eq. (53) becomes $\beta_{2T} = \beta_T$, which is exactly the same as

Eq. (4), and the load and resistance factors can be determined using Eq. (9).

The variation of the target second moment reliability index β_{2T} with respect to the target reliability index β_T is shown in Fig. 4a in the case of $\alpha_{3G}=0$, in Figs. 4b, 4c and 4d in the cases of $\alpha_{4G}=2.8$, $\alpha_{4G}=3.0$ and $\alpha_{4G}=3.2$, respectively. From these figures, one can see that β_{2T} is generally larger than β_T for negative α_{3G} and smaller than β_T for positive α_{3G}. One can also see that β_{2T} is generally larger than β_T for $\alpha_{4G}>3.0$ and smaller than β_T for positive $\alpha_{4G}<3.0$.

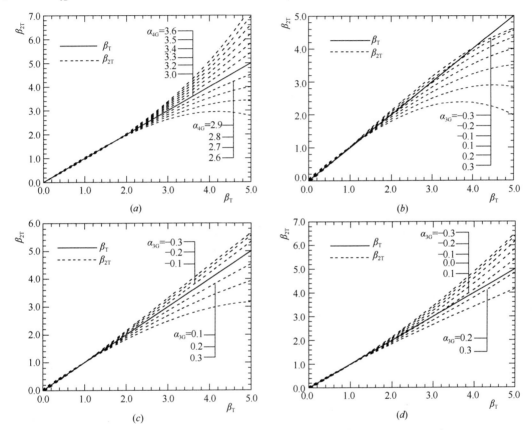

Figure 4   Variation of Target SM Reliability Index with respect to α_{3G} and α_{4G}

(a) $\alpha_{3G}=0$; (b) $\alpha_{4G}=2.8$; (c) $\alpha_{4G}=3.0$; (d) $\alpha_{4G}=3.2$

Determination of the Mean Value of Resistance

The iteration method

Since the load and resistance factors are determined when the reliability index is equal to the target reliability index, the mean value of the resistance should be determined under this condition (hereafter referred to as the target mean resistance). Generally, the target mean resistance is computed using the following iteration equation.

$$\mu_{Rk} = \mu_{Rk-1} + (\beta_T - \beta_{k-1})\sigma_G \tag{55}$$

where μ_{Rk} and μ_{Rk-1} are the kth and $(k-1)$th iteration value of the mean value of resistance; β_{k-1} is the $(k-1)th$ iteration value of the third or fourth moment reliability index.

Simple formulas for the target mean resistance

The following simple formula for avoiding the iterative computations of the target mean resistance is proposed

$$\mu_{RT} = \Sigma\, \mu_{Si} + \beta_{2T_0}\, \sigma_{G_0} \tag{56}$$

where μ_{RT}=the target mean resistance; σ_{G0}= the standard deviation of $G(\boldsymbol{X})$ and β_{2T0}=the target 2M reliability index, which are obtained using μ_{R0}.

μ_{R0} is given by the following equation, which is obtained from try and error (Lu et al. 2010)

$$\mu_{R_0} = \Sigma\, \mu_{Si} + \sqrt{\beta_T^{3.3}\, \Sigma\, \sigma_{Si}^2} \tag{57}$$

The steps for determining the load and resistance factors using the fourth moment method are as follows:

(1) Calculate μ_{R0} using the Eq. (57).

(2) Calculate σ_{G0}, α_{3G0}, α_{4G0}, and β_{2T0} using Eq. (27), Eq. (52), and Eq. (54), respectively, and determine μ_{RT} with the aid of Eq. (57).

(3) Calculate σ_G, α_{3G}, α_{4G}, and β_{2T} using Eq. (27), Eq. (52), and Eq. (54), respectively, and calculate α_R and α_{Si} with the aid of Eq. (7).

(4) Determine the load and resistance factors using Eq. (48).

The efficiency of the simple formula

In order to investigate the efficiency of the proposed simple formula, Consider the following performance function

$$G(X) = R - (D + L + S) \tag{58}$$

where

R=resistance, with unknown probability density function (PDF), μ_R/R_n=1.1, V=0.15, α_{3R}=0.453, α_{4R}=3.368;

D=dead load, with unknown PDF, μ_D/D_n=1, V=0.1, α_{3D}=0.0, α_{4D}=3.0;

L=live load, with unknown PDF, μ_L/L_n=0.45, V=0.4, α_{3L}=1.264, α_{4L}=5.969; and S=snow load, with unknown PDF, μ_S/S_n=0.47, V=0.25, α_{3S}=1.140, α_{4S}=5.4.

Consider the mean value of D, L with μ_D=1.0, μ_L/μ_D=0.5, the load and resistance factors obtained using the simple formula are illustrated in Figs. 5(a)~(c), compared with the corresponding factors obtained using iterative calculations of the fourth moment for β_T=2.0, 3.0, and 4.0. The target mean resistances obtained using the simple formula and those obtained using iterative calculations are illustrated in Fig. 5(d). One can see from Fig. 5 that the load and resistance factors and the target mean resistances obtained by the two methods are essentially the same for a given target reliability index.

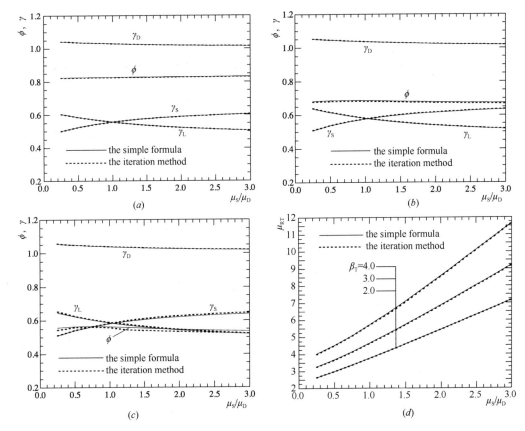

Figure 5　Comparison between the simple formula and the iteration method (4M method)

(a) Load and resistance factors ($\beta_T=2.0$); (b) Load and resistance factors ($\beta_T=3.0$);

(c) Load and resistance factors ($\beta_T=4.0$); (d) Target mean resistances

Example 8

Consider the following performance function,

$$G(X) = R - (D+L) \tag{59}$$

where R=resistance, a lognormal variable with $\mu_R/R_n=1.1$, COV=0.15,

D=dead load, a normal variable with $\mu_D/D_n=1.0$, COV=0.1,

L=live load, a Weibull variable with $\mu_L/L_n=0.45$, COV=0.4.

The skewness for R, D and L are 0.453, 0, and 0.2768, respectively, and the kurtosis for R, D and L are 3.368, 3, and 2.78, respectively.

The load and resistance factors obtained using the proposed methods of moments are illustrated in Figs. 6a and 6b for $\beta_T=2$ and $\beta_T=3$, respectively, compared with the corresponding factors obtained using FORM. The target mean resistances obtained using the proposed method and those obtained by FORM are illustrated in Figs. 7a and 7b for $\beta_T=2$ and $\beta_T=3$, respectively. From Figs. 6 and 7, one can see that although the load and resistance factors obtained by the present method are different from those obtained by FORM,

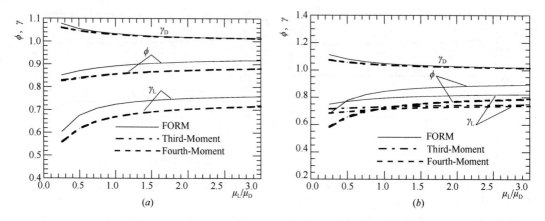

Figure 6　Load and Resistance Factors for Example 8
(a) $\beta_T = 2$; (b) $\beta_T = 3$

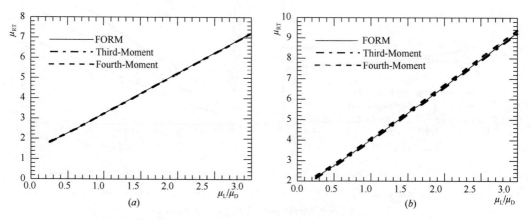

Figure 7　Target Mean Resistance for Example 8
(a) $\beta_T = 2$; (b) $\beta_T = 3$

the target mean resistance obtained by the present methods are essentially the same as those obtained by FORM. That is, the same design results will be obtained by the FORM and moment method even though the load and resistance factors of the methods are different.

Example 9

Consider the following performance function,

$$G(X) = R - (D + L + S) \tag{60}$$

where R＝resistance with unknown CDF, the known information are $\mu_R/R_n = 1.1$, COV＝ 0.15, $\alpha_{3R} = 0.453$, $\alpha_{4R} = 3.368$

D＝dead load, a normal variable with $\mu_D/D_n = 1.0$, COV＝0.1, $\alpha_{3D} = 0$, $\alpha_{4D} = 3$.

L＝live load with unknown CDF, the known information are $\mu_L/L_n = 0.45$, $\mu_L/\mu_D = 0.5$, COV＝0.4, $\alpha_{3L} = 1.264$, $\alpha_{4L} = 5.969$,

S = snow load which is the main load, a Gumbel variable with $\mu_S/\mu_n = 0.45$, COV= 0.4, $\alpha_{3S} = 1.14$, $\alpha_{4S} = 5.4$.

Since the CDFs of R and L are unknown, the FORM are generally impossible. Here, the LRFs are obtained using the proposed method.

The load and resistance factors obtained using the proposed methods of moments are illustrated in Figs. 8a and 8b for $\beta_T = 2$ and $\beta_T = 3$, respectively. The target mean resistances obtained using the proposed methods are illustrated in Figs. 9a and 9b for $\beta_T = 2$ and $\beta_T = 3$, respectively. From Figs. 8 and 9, one can see both the results of the load and resistance factors and the target mean resistances obtained by the third and fourth moment methods have good agreements.

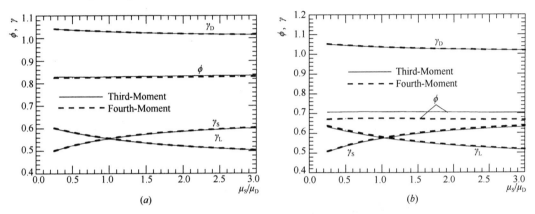

Figure 8   Load and resistance factors for Example 9

(a) $\beta_T = 2$; (b) $\beta_T = 3$

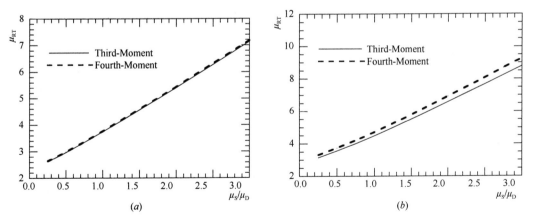

Figure 9   Target Mean Resistance for Example 9

(a) $\beta_T = 2$; (b) $\beta_T = 3$

From Fig. 8a, one can see that all results of the load and resistance factors obtained by the third and fourth moment methods have good agreements for $\beta_T = 2$. From Fig. 8b, one can see that all results of the load factors obtained by the third and fourth moment methods have good agreements but the resistance factors obtained by the two methods have visible difference for $\beta_T = 3$. From Fig. 9, one can see the target mean resistances obtained by the third and fourth moment methods are almost the same for $\beta_T = 2$ and have visible differences for $\beta_T = 3$. This is because the third moment method in the latter case have produce relatively larger error since only the first three moments of the performance function are used. In order to clarify this problem, the skewness in the cases above are depicted in Figs. 10a and 10b, for $\beta_T = 2$ and $\beta_T = 3$, respectively. In the same figures, the application range of third moment method in terms of skewness are also depicted using the following equation (Zhao and Lu 2006)

$$-120r/\beta_{SM} \leqslant \alpha_{3G} \leqslant 40r/\beta_{SM} \tag{61}$$

where r is the allowable error.

From Figs. 10a and 10b, one can see that the skewness of the performance function for $\beta_T = 2$ are within the application of TM with $r = 1\%$ while that for $\beta_T = 3$ are beyond the application with $r = 1\%$. This can explain why there are visible differences between the target mean resistance obtained by the third and fourth moment methods.

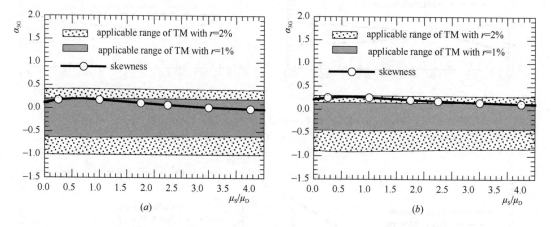

Figure 10   Investigation on the application of 3M method

(a) $\beta_T = 2$;   (b) $\beta_T = 3$

CONCLUSIONS

This chapter developed a simple method of determination of load and resistance factors using the methods of moment. Derivative-based iteration, which is necessary in FORM, is not required in the method. For this reason, the developed method is simpler to apply. Although the load and resistance factors obtained by the present method are different from those obtained by FORM, the target mean resistance obtained by both methods are essentially the same. Furthermore, since the present formula is based on the first few moments of the basic variables of loads and the resistance, instead of their CDF/PDFs, the LRFs can be determined even when the distributions of the random variables are unknown.

ACKNOWLEDGMENTS

The authors gratefully acknowledge the financial support provided by the National Natural Science Foundation of China (Grant No.: 51422814, U1134209, U1434204, and 51278496), and the Program for Changjiang Scholars and Innovative Research Team in University (PCSIRT) (Grant No. IRT1296).

REFERENCES

AIJ (2002) Recommendations for limit state design of buildings. (in Japanese)

Ang, A. H-S., and Tang, W. (1984) Probability Concepts in Engineering Planning and Design, Vol II – Decision, Risk, and Reliability, J. Wiley & Sons, New York

Ellingwood, B., MacGrregor, G. and Galambos, T. V. (1982), "Probability based load criteria: Load factor and load combinations". J. Struct. Engrg, ASCE, Vol. 108, No. 5, 978-997.

Galambos, T. V. and Ellingwood, B. (1982), "Probability based load criteria: Assesment of current design practice". J. Struct. Engrg, ASCE, Vol. 108, No. 5, 957-977.

Harr, M. E. (1988), Probabilistic estimates for multivariate analysis, Appl. Math. Modelling, Vol. 13, 313-318.

Melchers, R. E. (1999) Structural reliability: analysis and prediction-second edition. John Wiley and Sons, West Sussex, UK.

Mori, Y., (2002), Practical method for load and resistance factors for use in limit state design, J. Struct. Constr. Eng., AIJ, No. 559, 39-46 (in Japanese).

Mori, Y. and Maruyama, Y. (2005) Simplified method for load and resistance factors and accuracy of sensitivity factors, J. struct. Constr. Eng., AIJ, No. 589, 67-72. (in Japanese)

Ugata, T. (2000), Reliability analysis considering skewness of distribution-Simple evaluation of load and resistance factors, J. Struct. Constr. Eng., AIJ, No. 529, 43-50 (in Japanese).

Fleishman, A. L. (1978). "A method for simulating non-normal distributions."Psychometrika, 43(4), 521-532.

Stuart, A. and Ord, J. K., (1987). Kendall's Advanced Theory of Statistics, Vol. 1, Distribution Theory, Fifth edition, Charles Griffin, London.

Takada, T. (2001) Discussion on LRFD in AIJ-WG of limit state design, private communication.

Winterstein, S. R. (1988). "Nonlinear vibration models for extremes and fatigue." J. Engrg. Mech., ASCE, 114 (10), 1772-1790.

Zhao, Y. G. and Ono, T., (2000). Third-moment standardization for structural reliability analysis, J. Struct. Engrg, ASCE, Vol. 126, No. 6, 724-732.

Zhao, Y. G., Lu, Z. H. and Ono, T. (2006a). A Simple Third-Moment Method for Structural Reliability, J. of Asian Architecture and Building Engineering, Vol. 5, No. 1.

Zhao, Y. G. and Lu, Z. H. (2006)., Load and Resistance Factors Estimation Without Using Distributions of Random Variables, Journal of Asian Architecture and Building Engineering, 5 (2). 325-332.

Lu, Z. H., Zhao, Y. G., and Ang, A. H-S. (2010). Estimation of load and resistance factors based on the fourth moment method. Structural Engineering and Mechanics, 36 (1): 19-36.

FAST 索网结构疲劳分析

朱忠义，刘　飞，王　哲，张　琳，刘传佳，齐五辉，徐　斌

（北京市建筑设计研究院有限公司，北京 100045，中国）

摘　要：500m 口径射电望远镜 FAST，建成后将成为世界上第一大单口径射电望远镜。在抛物面状态下，FAST 通过控制促动器拉伸或放松下拉索实现望远镜索网变位，索网变位是一种长期的往复荷载，引起结构疲劳问题，是 FAST 索网结构设计的关键问题之一。本文研究 30 年设计基准期索网结构的疲劳性能，主要包括以下工作：（1）研究抛物面的中心点轨迹生成及索网在观测过程中的应力变化历程；（2）采用雨流计数分析方法统计并分解每根索单元的应力变化历程，做出 30 年观测期内索网最大应力变化幅的预估；（3）结合 S-N 曲线与 Miner 准则，计算出每根索 30 年观测周期内的累积损伤因子，评估每根索单元的疲劳寿命。研究表明，主索网和下拉索的疲劳寿命均满足本工程 30 年的设计基准期工作要求。

关键词：500m 口径射电望远镜；巨型索网；应力幅；雨流计数法；Miner 疲劳损伤积累理论

中图分类号：文献标识码：A

Fatigue Analysis on High Stress Amplitude Cable of FAST Space Structure

Zhu Zhongyi, Liu Fei, Wang Zhe, Zhang Lin, Liu Chuanjia, Qi Wuhui, Xu Bin

（Beijing Institute of Architectural Design& Research, Beijing100045, China）

Abstract：Five-hundred-meter Aperture Spherical Telescope (FAST) will become the world's largest single-aperture radio telescope when completion. The anchoring cables is tensioned or relaxed by controlling actuators in course of parabolic forming state, displacement of cable-net is the long-term cyclic loading effect, which will cause structural fatigue failure, so it is one key issue of FAST cable-net structure design. The fatigue properties of cable-net structure in 30-year design reference period was studied in this paper, which includes：(1) Trajectory generation of paraboloid central point and stress variation course of cable-net stress in observation process；(2) Stress variation course of each cable was counted using rain-flow analysis method, the maximum stress amplitude of cable-net was estimated in 30-year working period；(3) Accumulative damage factor of each cable was calculated combined with S-N curve of Chinese steel strand and Miner linear accumulative damage criterion, and fatigue life of each cable element was assessed. The study results show that fatigue life of main structure cables and anchoring cables can meet work requirements of 30-year design reference period in this project.

Keywords：Five-hundred-metre Aperture Spherical radioTelescope; Mega cable net; Stress amplitude; Rain-flow counting method; Miner theory of fatigue damage accumulation

1. 引言

500m 口径球面射电望远镜（Five-hundred-meter Aperture Spherical radio Telescope，简称 FAST）是国家重大科技基础设施项目，利用贵州省平塘县喀斯特地貌的洼坑作为台址，建造世界最大单口径射电望远镜，如图 1 所示。

FAST 由主动反射面系统、馈源支撑系统、测量与控制系统、接收机与终端四大部分构成，如图 2 中 2、3、4、5 部分所示。其中主动反射面系统是一个口径 500m，半径 300m 的球冠，由主体支承结构、促动器、背架结构和反射面板四部分组成。主动变位是 FAST 反射面的最大特点，通过主动控制在观测方向形成 300m 口径瞬时抛物面以汇聚电磁波，观测时抛物面随着所观测天体的移动从而在 500m

图 1　FAST 整体效果图

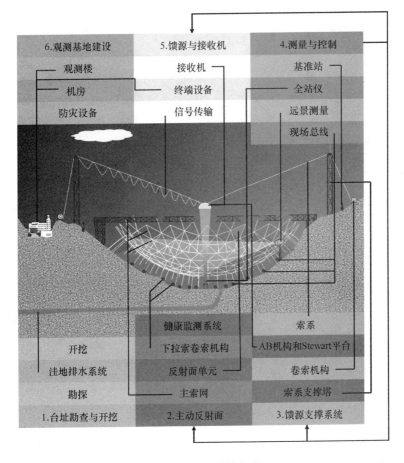

图 2　FAST 系统构成

口径球冠上连续变位，从而实现跟踪观测，如图3。

主动反射面的主体支承结构包括圈梁和索网，两者关系如图4和图5所示，具体由以下部分组成：（1）格构柱与圈梁，圈梁内径500m、外径522m，支承在50根格构柱上，用于支承FAST索网，圈梁通过100个径向释放、环形固定的铰支座与格构柱连接。（2）索网，包括主索和下拉索，主索支承FAST主动反射面系统的背架结构，球面主索网按照三角形网格方式编织而成，开口口径为500m，所有主索网节点位于以O点为球心、300m半径的球冠上，共计6670根；下拉索：每个主索节点有一根下拉索沿径向（部分索的方向有微调）通过地面促动器锚接于地面，控制促动器拉伸或者放松下拉索来实现观测抛物面，共计2225根。背架结构如图6所示。

本工程采用高应力幅钢绞线拉索，由1860MPa级Φ15.2mm低松弛预应力钢绞线和1860MPa级Φ5mm低松弛预应力钢丝组成。根据组成钢索的钢绞线的数量，钢索分为9类，其中规格1～8分别包含2～9根钢绞线；规格9为单根钢绞线，用于下拉索。对于规格1～8的钢索，每种类型的钢索包括两种形式，一种为纯钢绞线索，另一种在一定数量钢绞线基础上增加3根钢丝。以减小不同类型钢索的面积差。

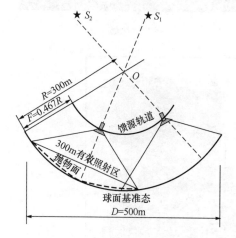

图3　FAST主动变位示意图

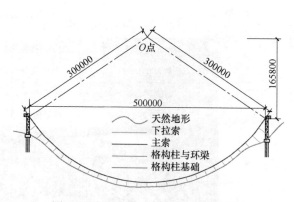

图4　FAST主体支承结构关系示意图

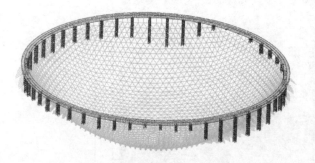

图5　FAST结构布置三维图

图6　背架结构和反射面板

FAST索网工作时，需通过主动调节下拉索实现300m口径的工作抛物面，方程为：$x^2 + 2py + c = 0$，以抛物面和基准球面之间的距离幅值最小为优化目标得到的变位策略，

70

工作区域边缘的调节量为 0，$p = -276.6470$，$c = -166250$，见图 7。根据中国科学院国家天文台 FAST 工程科学部提供的 FAST 天文观测轨迹，生成抛物面中心点随时间变化的坐标值数组，形成抛物面中心点的轨迹，见图 8。轨迹点时间间隔为 120s，对应在反射面上的间隔约 0.5°。本文分析研究了四种观测模式按预计科学目标分配得到的轨迹点分布，轨迹文件按 30 年和 70% 的观测效率生成，总共观察次数 228715 次，轨迹点 3410008 个。

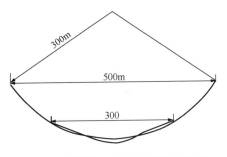

图 7　工作抛物面与基准球面的关系

FAST 通过控制促动器拉伸或放松下拉索实现望远镜的变位，变位是长期的往复疲劳荷载，带来结构的疲劳问题。需分析研究索网的疲劳性能，确保在 30 年的设计基准期内[1]索网不发生疲劳破坏。索网结构的疲劳分析主要包括：（1）抛物面中心点的轨迹生成；（2）抛物面中心点变位的典型工况计算；（3）索网的疲劳数据分析和安全性评价。

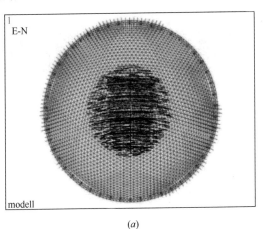

(a)

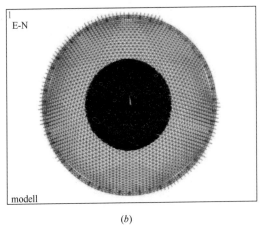

(b)

图 8　抛物面中心移动轨迹图

(a) 一个月；(b) 一年

2. 抛物面中心点变位工况分析

根据 FAST 抛物面变形区域不超出 500m 边缘，最大观测天顶角为 26.4°的要求，选出此区域中的 550 个节点作为抛物面中心点，如图 9。基于 ANSYS 软件，编制了主动抛物面变位找形分析程序，通过调节工作区域内的下拉索无应力长度，使工作区域呈现抛物面，得到 550 种抛物面工况的索网应力分布。

以下为抛物面中心点在两个典型位置的工况分析结果。图 10 为典型工况 1 即抛物面中心位于球面底部的变位，从图中可以看出，变形具有很好的对称性，最大值为 474.1mm。图 11 为该工况下索网的应力状态，主索的最大应力为 689.1MPa；下拉索的最大应力为 316.7MPa，最小应力为 99.6MPa。

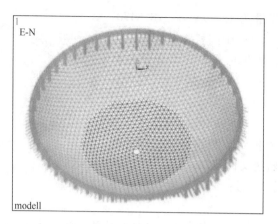

图 9　变形区域内的 550 个节点

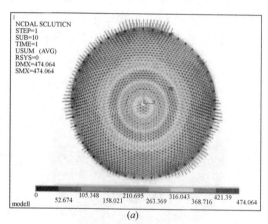

(a)

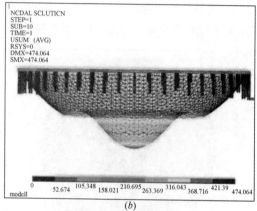

(b)

图 10　典型工况 1 变形图（mm）

（a）三维；（b）立面（比例放大）

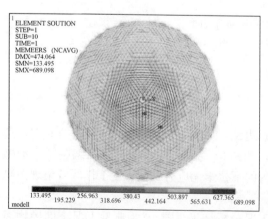

(a)

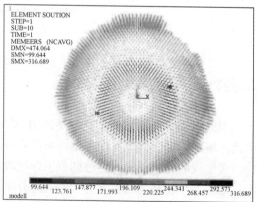

(b)

图 11　典型工况 1 索网应力（MPa）

（a）主索；（b）下拉索

图 12 为典型工况 2 即抛物面中心位于球面左边中间区域的变位，变形最大值为
475.6mm，和典型工况 1 接近。图 13 为该工况下索网的应力状态，主索的最大应力为
685.8MPa；下拉索的最大应力为 312.2MPa，最小应力为 97.0MPa。

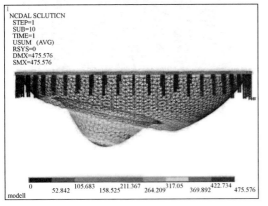
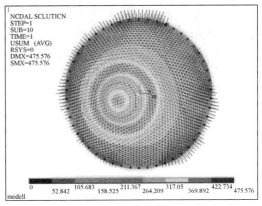

图 12　典型工况 2 变形图（mm）

（*a*）三维；（*b*）立面（比例放大）

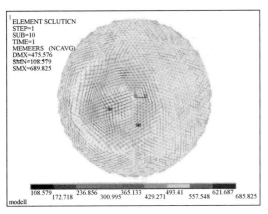
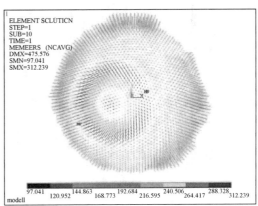

（*a*）　　　　　　　　　　　　　（*b*）

图 13　典型工况 2 索网应力（MPa）

（*a*）主索；（*b*）下拉索

3. 索网应力变化幅及次数统计

根据轨迹点的坐标值，寻求离轨迹点最近的索网节点，以抛物面中心位于该索网节点
时的应力作为该轨迹点的工况应力代表值。根据轨迹点序列，可得到主索网的应力变化历
程，图 14 给出了规格 5 的典型钢索 4 个月的应力变化时程。从图中看出，拉索的最大应
力幅在 500MPa 以内。

根据索网的应力轨迹点序列，计算各索的最大应力变化幅值及次数，图 15 和图 16 分
别为钢索最大应力变化幅及次数。

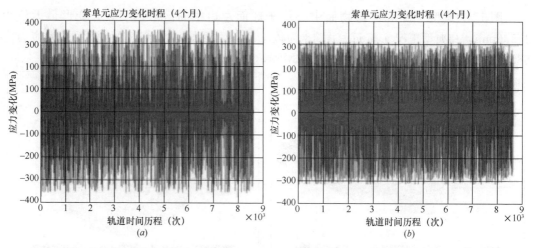

图 14 典型索单元的应力变化历程

（a）索规格 2 的典型钢索；（b）索规格 5 的典型钢索

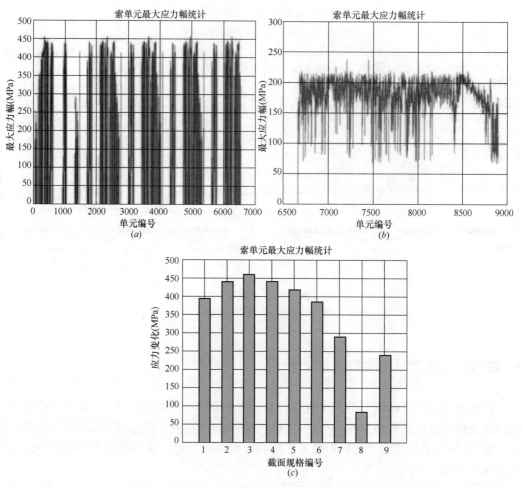

图 15 钢索最大应力变化幅

（a）主索（ST15-4）；（b）下拉索；（c）综合直方图

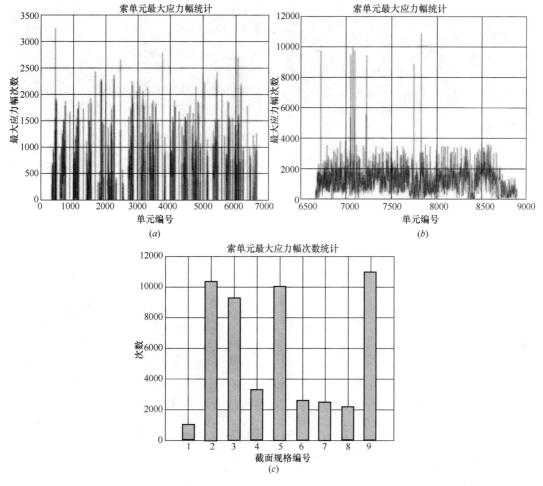

图 16　钢索最大应力变化幅次数

（a）主索（ST15-5）；（b）下拉索；（c）综合直方图

根据 13.8 年数据，按线性相关的原则推导 30 年观测周期内索网最大应力变化幅的次数，如表 1 所示。

30 年索网最大应力幅次数　　表 1

索规格	1	2	3	4	5	6	7	8	9
次数	2217	22526	20100	7087	21789	5609	5352	4704	23915

研究不同钢索的最大应力变化幅和次数分布规律，如图 17 和图 18 所示。主索的最大应力变化幅为 459.0MPa，下拉索的最大应力变化幅为 238.4 MPa，应力变化幅较大的钢索主要分布在索网中心区域，且具有很好的对称性；从图 17 可以看出，主索的最大应力变化幅的次数为 10362，下拉索的最大应力变化幅的次数为 11001，分布也具有很好的对称性。

下拉索的应力变化幅较小，主索结构的疲劳是本文研究重点。图 19 给出了用量最多的两种钢索在 13.8 年天文观测周期内，主索单元的最大应力变化幅次数，均在 10000 次以内。

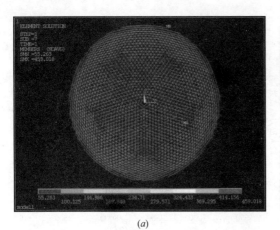 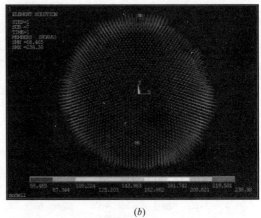

(a)　　　　　　　　　　　　　　(b)

图 17　索网单元应力变化幅（MPa）

（a）主索；（b）下拉索

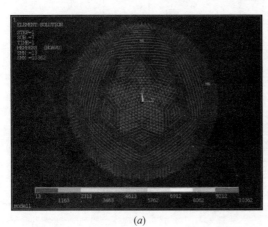 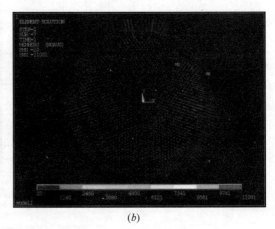

(a)　　　　　　　　　　　　　　(b)

图 18　索网单元最大应力变化幅次数

（a）主索；（b）下拉索

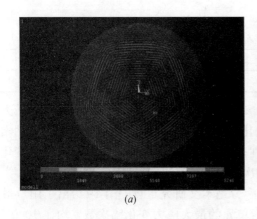 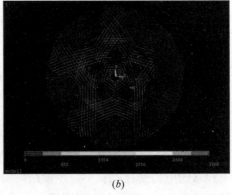

(a)　　　　　　　　　　　　　　(b)

图 19　典型规格钢索最大应力变化幅次数分布云图

（a）ST15-4；（b）ST15-5

4. 索网应力循环次数统计-雨流计数法

4.1 雨流计数法原理

雨流计数法根据载荷历程得到全部的载荷循环，分别计算出全循环的幅值，并根据这些幅值得到不同幅值区间内所具有的频次，绘制出频次直方图。《钢结构设计规范》关于变幅疲劳的公式基于此算法[2][3]。

如图 20 所示，载荷历程形同一座高层建筑物，雨点依次由上向下流动，根据雨点向下流动的轨迹确定出载荷循环，并计算出每个循环的幅值大小。每个载荷循环用于疲劳寿命计算时，就对应于一个应力循环。采用雨流计数法时应遵守 4 项规则：新安排载荷历程，以最高峰值或最低谷值为雨流的起点，视二者的绝对值哪一个更大而定。雨流依次从每个峰值或谷值的内侧往下流，在下一个峰值或谷值处落下，直到对面有一个比开始时的峰值更大或谷值更小的值时停止。当雨流遇到来自上面屋顶流下的雨流时即行停止。取出所有的全循环，并记录下各自的幅值和均值。雨流计数法程序设计流程如图 21 所示。

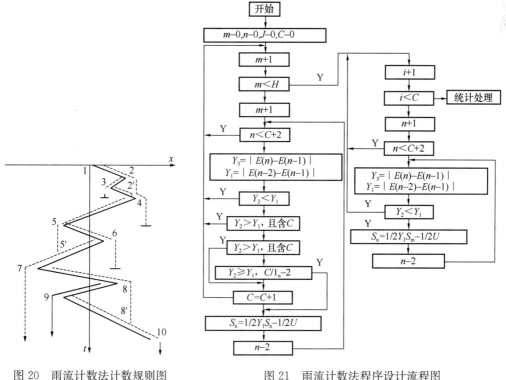

图 20 雨流计数法计数规则图   图 21 雨流计数法程序设计流程图

4.2 雨流计数法分析结果

采用雨流计数法，统计每根钢索在不同应力状态对应的应力幅及其对应的应力循环次数，用直方图表示，图中 x 轴为半应力幅、y 轴为应力均值、z 轴为应力循环次数。图 22

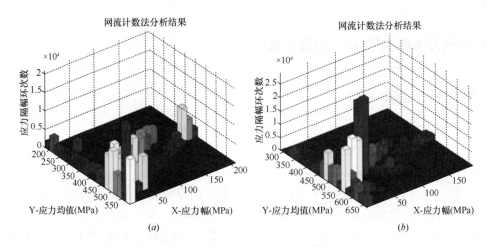

图 22　典型钢索应力循环次数

(a) 单元 4282 (311305 次)；(b) 单元 6364 (300510 次)

为两根典型钢索的分析结果，疲劳次数分别为 311305 次和 300510 次。

基于雨流计数法的分析结果，绘制了钢索的应力循环次数分布图，图 23 为主索的应力循环次数散点图，所有钢索最大的应力循环次数为 359095；图 24 为下拉索的应力循环次数散点图，所有单元最大的应力循环次数为 376367。

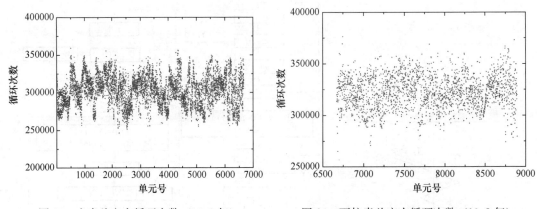

图 23　主索总应力循环次数 (13.8 年)　　图 24　下拉索总应力循环次数 (13.8 年)

图 25 为主索在较高应力状态下，不同应力幅对应的循环次数分布图；图 26 为下拉索在较高应力状态下，不同应力幅对应的循环次数分布图，其分布的对称性和第 2 节中的结果相近。

雨流计数法分析得到的拉索 30 年统计应力循环结果如表 2 所示。

雨流计数法拉索 30 年统计应力循环结果　　　　　　表 2

应力极值（MPa）	应力幅（MPa）	索规格				
		ST15-2	ST15-3	ST15-4	ST15-5	ST15-6
0～200	0～150	29739	11170	53296	64622	2498
200～400	0～150	718511	338986	129757	317778	72841
	150～300	—	4176	6928	51964	—
	300～400	—	—	—	2204	—

应力极值（MPa）	应力幅（MPa）	索规格				
		ST15-2	ST15-3	ST15-4	ST15-5	ST15-6
400~600	0~150	767235	772678	780641	760520	744580
	150~300	30098	72737	122039	137740	134887
	300~450	54	54613	90128	76585	77668
600~750	0~150	564237	646840	635175	507585	526324
	150~300	23142	34346	42773	86289	81013
	300~500	6654	48729	66468	72466	66818
总计	最小周次	566290	565330	549504	547000	535736
	最大周次	767235	772678	780641	760520	749409

应力极值（MPa）	应力幅（MPa）	索规格			
		ST15-7	ST15-8	ST15-9	下拉索
0~200	0~150	—	—	—	714954
200~400	0~150	21578	1126	—	765341
	150~300	—	—	—	99900
	300~400	—	—	—	—
400~600	0~150	759652	750580	751053	—
	150~300	64080	15716	—	—
	300~450	200	—	—	—
600~750	0~150	509889	497205	497205	—
	150~300	67624	43302	—	—
	300~500	37726	—	—	—
总计	最小周次	596684	604835	598772	576411
	最大周次	759652	750580	751053	818189

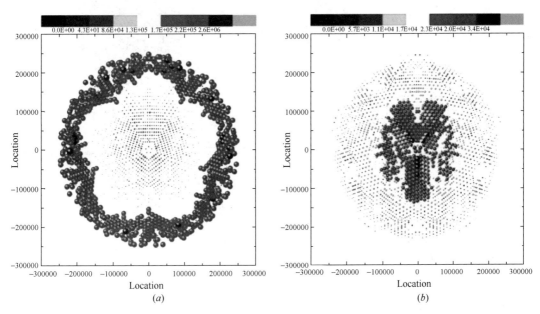

图 25　主索应力循环次数（应力上限 600～750MPa）（一）

（a）应力幅 0～150MPa；（b）应力幅 150～300MPa；

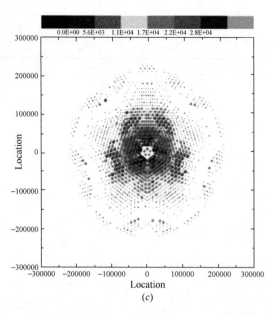

（c）

图 25　主索应力循环次数（应力上限 600～750MPa）（二）

（c）应力幅 300～500MPa

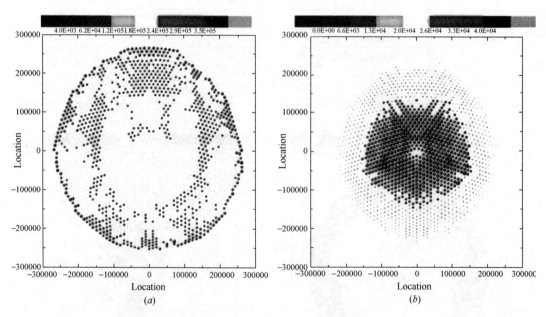

（a）　　　　　　　　　　　　　（b）

图 26　下拉索应力循环次数（应力上限 200～400MPa）

（a）应力幅 0～150MPa；（b）应力幅 150～300MPa

5. 索网疲劳承载力验算

5.1　疲劳损伤基本理论

将变幅疲劳应力历程分解为若干不同应力幅水平的常幅循环应力，$\Delta\sigma_i = \sigma_{\max} - \sigma_{\min}$，所

对应的循环次数为 n_i，相应疲劳寿命为 N_i，Miner 线性损伤累积准则[4][5]为

$$\sum \frac{n_i}{N_i} = 1 \qquad (1)$$

Miner 准则表明：当某一水平的应力幅 $\Delta\sigma_i$ 循环 n_i 次时，将引起 n_i / N_i 的损伤；其他应力幅水平的常幅循环应力也有各自的损伤份额，当这些损伤份额之和等于 1 时，即发生疲劳破坏。

平均应力对索的疲劳寿命有着重要影响，一般用极限应力线图表示，由此计算考虑平均应力影响的等效应力幅。美国工程师协会斜拉桥委员会出版的《斜拉桥设计指南》[6]给出了拉索及钢绞线 Smith 曲线，绘制了 Smith 等效疲劳寿命极限应力线，如图 27，AC 线为最大应力线，BC 线为最小应力线，AC 线与 BC 线所包围的区域表示不产生疲劳破坏的应力水平。由图中的几何关系，可判断索的疲劳性能。

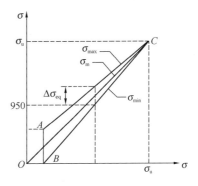

图 27　Smith 等效疲劳寿命曲线

5.2　本工程钢索疲劳性能要求

本工程钢丝、钢绞线、钢索疲劳性能指标如下：

（1）钢丝：抗拉强度 $\sigma_b \geqslant 1860\text{MPa}$，疲劳性能满足在上限应力为 $40\% f_{ptk}$、疲劳应力幅 600MPa、200 万次的要求。

（2）钢绞线：抗拉强度 $\sigma_b \geqslant 1860\text{MPa}$，疲劳性能满足在上限应力为 $40\% f_{ptk}$、疲劳应力幅 550MPa、200 万次的要求。

（3）钢索：上限应力为 $40\% f_{ptk}$、应力幅 500MPa、循环次数 200 万次疲劳性能。

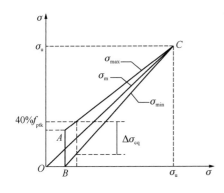

图 28　$40\% f_{ptk}$ 应力上限 500MPa 应力幅 Smith 曲线

按照以上疲劳性能指标，可以做出对应该类型索的 Smith 曲线，如图 28 所示。由于钢索的疲劳参数均依据等幅疲劳的试验数据，在评估索疲劳寿命时，不能采用公式（1）评估索的疲劳寿命。本项目按照以下原则评估索的疲劳寿命：若索的应力均值及应力幅值位于 Smith 曲线中的 AC 线及 BC 线之间，并且雨流计数法统计出的总循环次数不大于 200 万次，则认为该索满足疲劳寿命的使用要求。从本文第 4 节的分析结果可知，主索网和下拉索的疲劳寿命均满足本工程 30 年的设计基准期工作要求。

6. 结论

综合本文的研究分析数据，得到以下主要结论：

（1）主索最大应力变化幅度为 459.1 MPa，未超过允许疲劳幅 500MPa。雨流计数法统计 13.8 年的应力循环的最大次数为 359095 次，按照线性相关原则推导出 30 年观测周

期内的应力循环的最大次数为 780641 次。

（2）下拉索最大应力变化幅度为 242.4MPa，未超过允许疲劳幅 500MPa。雨流计数法统计的 13.8 年的应力循环最大次数为 376367 次，按照线性相关原则推导出 30 年观测周期内应力循环的最大次数为 818189 次。

（3）FAST 钢索的应力均值及应力幅值均位于 Smith 曲线中的 AC 线及 BC 线之间，且雨流计数法统计出的总应力循环次数不大于 100 万次，索结构满足疲劳寿命的使用要求，结构安全可靠。

参考文献

[1] 范峰，金晓飞，钱宏亮，长期主动变位下 FAST 索网支承结构疲劳寿命分析[J]. 建筑结构学报，2010，31(12)：17-23.

[2] 戴庆辉. 先进设计系统[M]. 北京：电子工业出版社，2009，08.

[3] GB 50017—2003 钢结构设计规范[S]. 北京：中国计划出版社，2003.

[4] 倪侃. 随机疲劳累积损伤理论研究进展[J]. 力学进展，1999，29（1）：43-65.

[5] 阎楚良，卓宁生，高镇同. 雨流法实时计数模型[J]. 北京航空航天大学学报，1998，24(5)：425-426.

[6] 刘士林，王似舜. 斜拉桥设计[M]. 北京：人民交通出版社，2006.

风电结构亚健康状态研究及工程技术进展

马人乐[1]，黄冬平[2]

（1. 同济大学建筑工程系 上海 200092；

2. 同济大学建筑设计研究院（集团）有限公司 上海 200092）

摘　要：提出了风力发电塔结构承受疲劳动力荷载下结构"亚健康状态"的概念。从目前世界风电结构的现状总结出风电结构亚健康状态的两种表现：上部塔筒结构法兰连接高强度螺栓在拉压交变作用下松弛，引起疲劳应力幅增大，缩短螺栓寿命；下部混凝土基础中基础环 T 形板处应力集中且拉压交变，导致混凝土碎裂，基础寿命缩短。针对上述问题，设计了反向平衡法兰并提出用"直接拉伸法"施工高强度螺栓，解决了拉压交变作用下高强度螺栓的松弛问题，大幅减少了风电结构的维护工作；提出了梁板式预应力锚栓基础，解决了风机基础的混凝土碎裂问题，同时大幅减少了基础工程量和造价。两项技术已用于 6000 多台兆瓦级风力发电塔，收到了良好的经济效益和社会效益。

关键词：风电结构；亚健康；防治

Study on the Sub-health State of Wind Power Structure

Ma Renle[1]，Huang Dongping[2]

（1. Department of Building Engineering，Tongji University，Shanghai 200092

2. Tongji Architectural Design（Group）Co.，Ltd.，Shanghai 200092）

Abstract：Propose the concept of wind power tower structure's sub-health state under dynamic loading fatigue. According to the present situation of wind power structure all over the world，the sub-health state of wind power structure can be summed into two catagries. One of them is slackness between flange in tower drum's upper structure and high strength bolt under the action of alternating tension and compression，which causes the increase of fatigue stress-range and the reduction of bolt life. The other one is the stress concentration and tension and compression alternating in the place of base ring T plate in lower concrete foundation base，which leads to concrete fracture and reduction of base life. As the solution to the problems mentioned above，reverse flange and "direct tensile method" to high strength bolts are designed to solve the slackness of high strength bolt under the action of tension and compression alternating，largely reduce the maintenance work of wind structure. The beam plate prestressed anchor foundation is proposed to solve the problem of concrete fracture in wind tower base，and sharply reduce the quantities and cost of basis. These two technologies have been employed in more than 6000 megawatt wind power towers，achieving good economic and social benefits.

Keywords：Wind power structure；Sub-health，Prevention

1. 引言

2016 年 4 月，国家能源局要求 2020 年各燃煤发电企业非水可再生能源发电量与火电发电量比重要达到 15% 以上，而目前光伏与风电占比之和也仅有 4%～5%，所以今后若干年内可再生能源的建设量仍然很大。在可再生能源中，风电占有很大比重，所以风电的发展也是方兴未艾。

风电要健康发展，就应该不断地克服在其发展过程中出现的问题。风电结构的最大问题是维护工作量大和结构失效引起的倒塌。据统计，风电结构失效引起的事故占 12%，在各类原因中排第三位[1]。从各种结构失效现象分析发现[2]，比较典型的两种原因是高强螺栓连接松弛并引起疲劳破坏以及基础环松动，造成风机结构刚度突变，这两种现象的起因文献[3]归纳为"风电结构的亚健康状态"。

亚健康状态是健康与疾病之间的临界状态[4]。风电结构的亚健康状态表现为两种：上部塔筒法兰连接高强螺栓松弛导致疲劳应力幅放大，进而导致整个节点的疲劳应力幅放大，使螺栓疲劳寿命极大缩短，造成螺栓疲劳断裂；下部基础环 T 型板处应力集中，且混凝土在受疲劳拉压应力循环作用不断开裂和闭合，大幅降低抗扭刚度，并局部逐渐磨成粉末状，使基础刚度下降，塔体摇晃。

为杜绝风机结构亚健康状态，笔者及"同济—金海风电结构研究中心"对其进行了长期的理论研究、结构试验、工程实测及新技术的发明与应用推广，目前已形成了独特的技术体系，并有 6000 多台风机的成功应用实例。

2. 上部结构亚健康状态的防治

2.1 传统结构分析

2.1.1 正常受力状态分析

常见的风力发电塔是典型的静定单管塔结构（图 1），连接各段塔筒的法兰多为锻造法兰，其螺栓紧固采用扭矩法拧紧。拧紧螺栓时，向紧固件输入能量，撤去拧紧力矩后螺旋副的自锁作用和螺母、螺栓头支承面与法兰板接触表面上的摩擦力克服螺杆的回弹。

高强螺栓预紧力把连接板件夹紧，使连接足以抵抗外荷载，提高其整体性和刚度。正常受力状况下，稳定的螺栓预紧力使连接保持高强螺栓连接受力模式，螺栓疲劳应力幅很小，高强螺栓内力变化值（对应疲劳应力幅）只有外荷载应力幅的 25% 左右（图 2a）。此时螺栓疲劳应力幅应小于设计允许疲劳应力幅。

2.1.2 极限受力状态分析

极限荷载工况作用下，法兰连接承受的以弯矩为主的

图 1　风力发电塔

荷载大大增加，此时法兰面外边缘有可能发生脱开（图2b）。法兰面的脱开将导致连接转变为高强度螺栓普通连接，螺栓承受较大的附加"撬力"[5]，也使相邻螺栓受力大大增加。此时螺栓最大轴力应小于抗拉承载力。

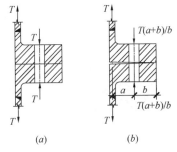

图2　法兰受力模式
(a) 正常受力状态；(b) 极限受力状态

2.1.3　亚健康状态分析

上部塔架钢结构抗疲劳的关键是疲劳应力幅的控制，理想受力状态的高强螺栓内力变化值（对应疲劳应力幅）只有外荷载应力幅的25%左右，而普通螺栓则为100%。法兰面脱开时，还有法兰内边缘的"撬力"作用，此时螺栓的应力幅会达到高强螺栓连接应力幅的6~8倍。螺栓应力幅小，则节点所有部位的疲劳应力幅相应较小，只要螺栓保持高强螺栓的受力状态，节点所有部位的疲劳应力幅均为普通螺栓的25%左右，允许疲劳应力幅大于疲劳应力幅就相对容易很多，否则就难以满足疲劳验算。对于法兰与塔筒连接处的焊缝或焊接热影响区，当螺栓松动时产生附加弯曲应力（图2b）。在拉、弯复合疲劳作用下，疲劳应力幅大大增加，因此易发生疲劳破坏。目前传统锻造法兰连接焊缝破坏多发生在法兰焊缝的热影响区位置，说明虽反复拧紧松动的螺栓，但此处疲劳损伤不断累积、延续。

2.1.4　亚健康状态的起因

锻造法兰螺栓为了防腐要求涂达克罗，涂达克罗之后扭矩系数大大增加，造成螺栓紧固时需施加比较大的扭矩，施工难度大大增加。因此，锻造法兰螺栓均要求涂二硫化钼润滑以降低扭矩系数，减小施工难度。但涂二硫化钼润滑后螺纹摩擦系数减小，螺栓自锁能力也降低了。此外，锻造法兰螺栓采用扭矩法施加预紧力，螺杆内必然存在比较大的反弹扭矩。这些是螺栓松动的内因。

在随机风荷载作用下，法兰螺栓承受拉、压循环作用。背风面法兰受压，螺栓预紧力减小，螺纹表面上压力减小，这就引起阻止螺栓松动的摩擦力矩小于螺杆内的反弹扭矩。

以上内外因共同作用，导致锻造法兰螺栓松弛成为必然。高强螺栓连接预紧力长期处于松弛甚至完全消失的状态，螺栓疲劳应力幅大大增加，是其处于亚健康受力状态的直接原因。

2.2　反向平衡法兰的开发

2.2.1　反向平衡法兰的概念设计

反向平衡法兰主要包括"反向"的法兰板、在塔筒内侧向心设置的"平衡面"的加劲板以及高强螺栓[6]。顾名思义，反向平衡法兰的主要特点在于"反向"和"平衡"（图3）。

与一般刚性法兰与加劲板的连接关系相反，反向平衡法兰的加劲板在前，法兰板在后，不增加法兰板厚度即可增加螺栓长度，从而方便螺栓施加预紧力和控制预紧力的大小，以实现受力过程中连接节点始终受压，塔筒抗弯刚度不变，故称"反向"。

反向平衡法兰在加劲板的钢管向心侧加设的"平衡面"，使法兰连接时不但钢管壁受压，而且加劲板的"平衡面"也受压。这样可大大减小加劲板与钢管壁连接焊缝的弯曲作用，从而减小钢管环向拉力，使加劲板与管壁之间的焊缝以受剪为主，使焊缝的抗疲劳性能显著提高。

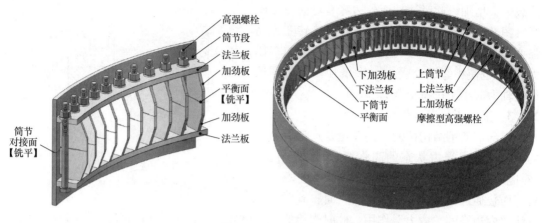

图 3　反向平衡法兰

2.2.2　直接张拉法施工技术及设备开发

采用扭矩法紧固法兰螺栓存在以下缺点：螺栓受拉、扭复合应力，故强度需折减；扭矩系数的离散性造成螺栓预紧力难以准确施加；液压扭矩扳手的尺寸较大决定了螺栓需离筒壁较远从而造成法兰材料用量的增加。

扭矩法紧固高强螺栓是一种间接施加预紧力的方法。《钢结构设计规范》GB 50017—2003[7]第7.2.2条条文说明中预紧力 $P = \dfrac{0.9 \times 0.9 \times 0.9}{1.2} f_u A_e$。式中1.2为由拉、剪（扭矩引起）复合应力引起强度折减；螺栓强度以受拉强度为准，引入附加安全系数0.9。由此可见，采用扭矩法对螺栓施加预紧力使螺栓强度降低 $1 - 0.9/1.2 = 25\%$。

《钢结构高强度螺栓连接的设计、施工及验收规程》规定[8]，高强度螺栓连接副终拧扭矩值 $T_c = K \cdot P_c \cdot d$。其中，$T_c$ 为终拧扭矩值，P_c 为施工预紧力值标准值，d 为螺栓公称直径，K 为扭矩系数。扭矩系数 K 的平均值应为 $0.110 \sim 0.150$，标准偏差小于或等于0.010。目前施工验收规范对扭矩系数的允许相对误差在 $\pm 15\%$ 左右。扭矩系数存在的误差决定了螺栓预紧力必定存在一定程度的误差。另外，高强螺栓必须要及时测定扭矩系数，扭矩系数不合格则不能用，超过半年需重测。测定扭矩系数需花费一定的费用并可能因扭矩系数单项不合格造成螺栓报废。可见，扭矩法紧固螺栓存在一定的欠缺。

采用直接张拉法对螺栓施加预紧力，避免了通过施加扭矩紧固高强螺栓，避免螺栓拉、扭复合受力，可提高螺栓设计强度；由于直接张拉法与高强螺栓的扭矩系数无关，可避免因扭矩系数不达标而报废螺栓；操作便利，可减轻安装人员的劳动强度，有利于提高螺栓的安装质量，确保刚性连接。

液压双缸张拉器是开发用于紧固高强螺栓的专用工具，它采用对接螺母连接被紧固螺栓和张拉器的双头螺杆，通过油泵对张拉器加压到设定油压（对应螺栓设定预紧力），然后拧紧螺栓上的螺母即可（图4）。

图 4　液压双缸张拉器紧固
反向平衡法兰螺栓

2.2.3 反向平衡法兰的试验研究

反向平衡法兰构造和设计具有独创性，为深入研究其受力性能，设计并制造了金风50/750 IECⅢA 塔架（采用反向平衡法兰连接）1：3 和1：2 缩尺模型（图5），在同济大学土木工程防灾国家重点实验室对其进行极限承载力试验和疲劳加载试验。（为与锻造法兰进行对比，1：2 缩尺模型反向平衡法兰前端 300mm 处设置原设计锻造法兰，其所受弯矩较反向平衡法兰小 9％。）[6]

1:3 缩尺　　　　　　　　　　　　1:2 缩尺

图 5　反向平衡法兰缩尺试验模型

1：3 缩尺模型加载至 1.2 倍设计荷载时，各测点应变均处于线弹性，荷载-加载端位移关系呈线性；加载至 1.52 倍设计荷载时，距法兰 3.5m 处塔筒受压区发生局部屈曲，反向平衡法兰未发生破坏（图6）。

对 1：2 缩尺模型施加疲劳设计荷载 1000 万次，试件未发生疲劳破坏，反向平衡法兰的抗疲劳荷载作用性能得到试验验证。

疲劳加载后对模型进行静力极限加载，加载至

图 6　模型加载破坏图（1：3）

1.0 倍设计荷载时，锻造法兰接触面开始脱开；加载至 1.49 倍设计荷载时，反向平衡法兰接触面未发现宏观脱开迹象，而此时锻造法兰接触面已脱开约 1/6 截面；加载至 2.02 倍设计荷载时，反向平衡法兰节点区外受压区塔筒突然发生明显鼓曲（图7）。

 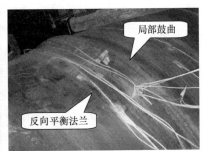

锻造法兰接触面脱开　　　　　　　节点区外受压区塔筒局部屈曲

图 7　模型加载破坏图（1：2）

试验证明，反向平衡法兰承载力高于设计荷载的 2.02 倍（1：2 缩尺模型）和 1.52 倍（1：3 缩尺模型）；试件的破坏模式均为塔筒屈曲先于反向平衡法兰破坏，说明反向平

衡法兰具有相当的强度储备；试验过程中，锻造法兰受力略小于反向平衡法兰，但先于反向平衡法兰脱开，说明反向平衡法兰的刚度优于锻造法兰；疲劳加载试验证明反向平衡法兰抗疲劳荷载作用性能优良。

2.2.4 反向平衡法兰的新产品实测

为验证反向平衡法兰的设计与分析[9][10]，对比其与锻造法兰的不同，对同一风电场、相同机型、不同连接法兰（反向平衡法兰和锻造法兰）、已投运的相邻机位作深入的实测[11]（图8）。

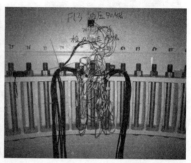

图8 反向平衡法兰现场实测

采用直接张拉法紧固螺栓时，螺帽拧紧卸压后，螺栓与法兰变形协调、螺纹受力变形、垫片受力变形及其与法兰板和螺栓之间的间隙等因素会引起螺栓预紧力一定程度的损失。此外，附近螺栓张拉使得法兰压缩变形也会引起先期张拉螺栓一定的预紧力损失。因而需要对螺栓进行超张拉，即张拉力应大于螺栓设计预紧力。实测表明，反向平衡法兰螺栓采用1.15倍超张拉系数可使螺栓达到比较理想的预紧力。

采用直接张拉法紧固螺栓时，螺栓剪应力仅为拉应力的0.05倍，该剪应力由螺杆与螺母之间的环向静摩擦引起。螺栓剪应力很小，基本处于单向受拉应力状态。采用扭矩法紧固螺栓时，螺栓剪应力约为拉应力的0.23倍，其折算应力是拉应力的1.08倍。实测所得使用扭矩法紧固螺栓的扭转不利作用与规范吻合。

螺栓被紧固后，其预紧力经法兰板传递至加劲板，并呈"人"字形"分流"到加劲板平衡面和筒壁对接面。计算假定螺栓预紧力按筒壁对接面、加劲板平衡面与螺栓力臂大小按比例分配传递。实测得到的螺栓拉应力和加劲板平衡面附近的压应力表明，反向平衡法兰受力与理论假定、有限元分析接近。

螺栓紧固、风机运行之后，由于法兰和螺栓钢材蠕变、螺纹的局部变形、垫片与螺母和法兰板间隙逐渐闭合以及往复振动等影响，螺栓预紧力减小的可能。实测表明，运行一年后螺栓预紧力损失在10%以内，此后由于变形基本稳定，螺栓预紧力也趋于稳定，反向平衡法兰螺栓"剩余"预紧力不小于设计预紧力的0.9倍，满足《钢结构高强度螺栓连接的设计、施工及验收规程》的相关要求[8]。

实测得到，相同条件下反向平衡法兰螺栓应力幅比锻造法兰要小，仅相当于锻造法兰的1/3～1/5。反向平衡法兰螺栓应力幅比锻造法兰螺栓小很多的原因在于：反向平衡法兰的筒壁内力相对于支点（平衡面中心）的力臂 e_2 与螺栓内力相对于支点的力臂 e_1 的比值 e_2/e_1 要比锻造法兰的小，因此筒壁单位内力的改变引起螺栓内力的改变要小；此外反向平衡法兰接触面明确，可以避免锻造法兰因焊接变形、运输变形等造成的接触面外翻（图 2b），锻造法兰接触面外翻时，其螺栓应力幅大大增加。

2.3 反向平衡法兰的应用

为收集反向平衡法兰塔架运行数据，对已投运的若干项目做了跟踪实测[12]。

2.3.1 固有频率实测

结构固有频率反应结构的系统刚度，是一个总体性指标，实测该参数可以反映法兰连接是否符合设计要求；可以检验风机运行一定时间后是否出现刚度降低。在塔筒不同高度、双向布置压电式加速度传感器，采集塔筒的振动时程（图 9）。

图 9　风力发电塔固有频率实测

使用环境脉动随机激励法测定机组的固有频率。塔架的振动由加速度传感器测得，通过数据采集器传输到电脑上。然后通过 SVSA 软件处理得到塔体的固有频率。其过程如下：环境脉动→塔架→加速度传感器→数据采集器→计算机（采集、处理）。

在塔筒顶平台布置四个测点，其中两个测点沿 Y 方向（沿机舱主轴线方向）布置，另外两个测点沿 X 方向（垂直机舱主轴方向）布置。测试时采用 LC0132 型内装 IC 压电式加速度传感器，传感器通过自带吸铁吸附于塔筒壁上。采用 SVSA 软件进行数据采集，采样频率 50Hz。

模态分析为结构系统的动力响应分析、故障诊断和预报以及结构动力特性的优化设计提供了理论依据。通过对系统的动态响应信号，以获取结构的自振频率、阻尼比等模态参数。而模态参数的识别也是模态分析中的重要内容。

风电塔属于低频结构，人工激励操作难度大，成本高，适合采用环境随机激励方法。环境激励时结构模态参数识别主要分为频域法和时域法两类。其中频域法主要包括峰值法、频域分解法；时域法主要包括随机减量法、ITD 法、随机子空间识别法、最小二乘复指数法等。然而时域法由于对波形有严格的要求，很难满足实际工程应用，如对数衰减法求阻尼比是最基本的时域方法，它需要根据自由振动衰减曲线来计算对数衰减率求取阻尼系数，从而多用于实验室和仿真试验。频域法中传统的峰值法是工程中最常用的方法，具有处理简单、快速、适用的特点，它根据功率谱密度曲线的峰值来进行频率识别；根据半功率带宽识别系统的阻尼。

小波变换是近几十年发展起来的一种新的时频分析方法，它继承了傅里叶变换（Fourier Transformation）以简谐函数来逼近任意信号的思想，但变换所用的函数族是一系列尺度可变的小波函数。小波变换不同于傅里叶变换的特征是，它在时域和频域同时具有良好的局部化性质，享有"数学显微镜"的美誉[2]。小波理论目前已在信号处理、图像处理、语音识别、CT 成像、机械故障诊断与监控、数值计算等领域取得重大突破。

产品推广应用过程中，对采用反向平衡法兰的某 1.5MW、2.0MW、3.0MW 风机分别做了实测。结果表明，采用反向平衡法兰的塔筒固有频率与理论计算值吻合，且与原结构（锻造法兰塔筒）一致，说明反向平衡法兰的连接刚度可确保各段塔筒的刚接。

2.3.2 运行 3 年后的预应力状态实测

辽宁调兵山某风电场安装 66 台 50/750 IEC ⅢA 风机，塔筒分为三段，见图 10。对其中两台风机的中上法兰 FL2、中下法兰 FL3 采用反向平衡法兰替换锻造法兰（共 4 对），2008 年初反向平衡法兰样机安装并投运。

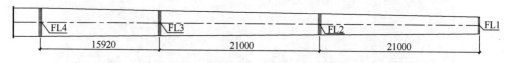

图 10　调兵山某风电场风机塔筒图

2010 年底，业主对该风电场全部风机的所有法兰螺栓进行检查。经检查发现，4 对反向平衡法兰的连接螺栓无一松弛，螺栓连接紧固正常；15 台传统法兰风机的全部法兰连接螺栓有微量松弛，转动量在 3～14 度之间，占风机总数的 22.72%；6 台传统法兰风机有一半以上的法兰连接螺栓有微量松弛，转动量在 2～13 度之间，占风机总数的 9.09%；43 台传统法兰风机的少数法兰连接螺栓有微量松弛，转动量在 3～20 度之间，占风机总数的 65.15%。对比可见，反向平衡法兰螺栓防松性能突出。

2010 年内蒙古四子王旗某风电场安装 264 台 1.5MW 风力发电机组，塔筒法兰全部采用反向平衡法兰，投运之后每年做定期检查维护。2014 年对反向平衡法兰螺栓的检查表明，与安装时的设计预紧力相比，上部塔筒连接法兰只有 0.6% 的螺栓预紧力低于设计预紧力的 0.9 倍；下部基础锚栓连接在运行一年后仅有 2.0% 左右低于设计预紧力的 0.9 倍，重新张拉紧固之后，预紧力保持良好。

2.4 反向平衡法兰与锻造法兰的对比

2007 年开始研发反向平衡法兰，2008 年试制并安装应用于 2 台 750kW 风机，2009 年以来开始批量应用于大功率风机。截止到 2015 年底，反向平衡法兰已成功推广应用于 5000 余台风机，涉及金风、华锐、东汽、联合动力、明阳、上海电气、运达、恩德、湘电、三一、天威、中科、华创、重庆海装、新誉、北京京城新能源、锋电等十余个风电主机厂家的 750kW、1500kW、2000kW、2500kW、3000kW 等系列机型。

实践证明，与锻造法兰相比，反向平衡法兰用钢量有所节约、制造工序简化、能耗低，某 2.0MW 风机反向平衡法兰塔筒与锻造法兰塔筒经济性对比见表 1。由于反向平衡法兰结构独特、螺栓较长且采用直接张拉法紧固，反向平衡法兰防松性能突出，可大大减小业主的维护工作量和成本，降低因螺栓松动未及时发现引起的风机倒塌的隐患。

某 2.0MW 风机反向平衡法兰塔筒与锻造法兰塔筒经济性对比　　表 1

项目、构件名称		单位	锻造法兰塔筒			反向平衡法兰塔筒		
			数量	综合单价（万元）	合价（万元）	数量	综合单价（万元）	合价（万元）
1	筒节（不含法兰）	t	205.473		184.9257	202.013		181.8118
	上段	t	35.751	0.9000	32.1759	35.469	0.9000	31.9224
	中上段	t	46.867	0.9000	42.1803	46.195	0.9000	41.5757
	中下段	t	54.744	0.9000	49.2696	53.696	0.9000	48.3264
	下段	t	68.111	0.9000	61.2999	66.653	0.9000	59.9873
2	法兰	t	16.350		24.5250	14.016		19.7007
	锻造顶法兰（1片）	t	0.786	1.5000	1.1790	0.786	1.5000	1.1790
	中上法兰（1对）	t	2.992	1.5000	4.4880	2.455	1.4000	3.4370
	中法兰（1对）	t	3.910	1.5000	5.8650	3.174	1.4000	4.4436
	中下法兰（1对）	t	3.910	1.5000	5.8650	4.439	1.4000	6.2143
	底法兰（1对）	t	4.752	1.5000	7.1280	3.162	1.4000	4.4268
3	螺栓				3.1900			3.2000
	螺栓 M36×310	套	416	0.0050	2.0800			
	螺栓 M42×340	套	148	0.0075	1.1100			
	螺栓 M36×480	套				220	0.0080	1.7600
	螺栓 M42×570	套				120	0.0120	1.4400
	塔架		221.823	0.9586	212.6407	216.029	0.9476	204.7125

2.5　风电上部结构亚健康状态防治技术及其应用

2.5.1　风电高塔架

　　风力发电机组的塔架传统常采用单管式钢筒、钢格构式塔架、钢管混凝土格构塔架、钢筋混凝土筒等。单管式钢筒筒洁美观、传力明确构造简单、维修方便，占地面积小，是目前风力发电机组普遍采用的结构形式。随风力发电技术日趋成熟，风力发电机组正不断向大型化发展，单管式塔筒的运输难和造价高的问题日益突出。同时由于优质风场减少，开发中低风速风场势在必行，为获取更多风能，轮毂高度需要足够高，以达到预期的经济效益。

　　假设 B 类地貌，以轮毂高度 70m 高的风机为标准，风速、发电量、发电收入随风机高度增加而增加。

风机高度增加后发电量变化表　　表 2

轮毂高度（m）	70	80	90	100	110	120	130	140	150
风压高度变化系数	1.79	1.87	1.93	2.00	2.05	2.10	2.15	2.20	2.25
风压变化倍数	1	1.045	1.078	1.117	1.145	1.173	1.201	1.229	1.257
风速变化倍数	1	1.022	1.038	1.057	1.070	1.083	1.096	1.109	1.121
风速（m/s）	5	5.11	5.19	5.285	5.35	5.415	5.48	5.545	5.605
增加发电量（万度/年）	0	302.5	522.5	783.8	962.5	1141.3	1320.0	1498.8	1663.8
增加发电收入（万元/年）	0	184.5	318.7	478.1	587.1	696.2	805.2	914.2	1014.9

注：相关研究和实测表明，平均风速每增加 0.1m/s，风场等效年利用小时数大致增加 50~60h，以 5 万 KW 的风场为例，假设电价为 6.1 毛，故年发电量增加约 275 万度，年收入增加约 170 万。

目前低风速区风电高塔主要有以下几种方案（图 11）：

（1）全钢塔筒：用钢量大，刚度不足，易发生共振，若加大底节塔筒直径，则运输困难；

（2）混凝土塔筒：自重大，建设周期长，污染大，抗震差，软土地基基础造价高；

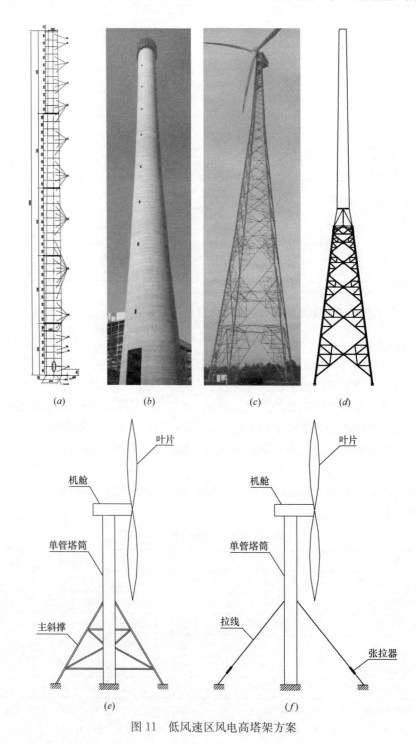

图 11　低风速区风电高塔架方案

（3）全桁架式塔：上段截面小，桁架效果差，顶端变形连接是难点，顶端桁架做大有叶片扫塔问题；

（4）下部桁架上部钢塔筒组合塔：结构较合适，但中间过渡段是设计难点；

（5）下部支撑钢塔筒组合式塔：结构较合适，节点疲劳设计是难点，主斜撑与中心钢管柱连接处要求尺度小，否则仍影响运输；

（6）钢塔筒拉索组合式塔：结构较合适，节点疲劳设计是难点，拉线与中心钢管连接处要求尺度小，否则仍影响运输，占地略大。

当轮毂高度大于 100m 时，传统单管式塔架的重量会急剧上升，并且由于底部直径太大致使运输困难。因此许多大型机组开始采用钢格构式塔架，相比单管式钢塔筒，其在受力性能、经济性、加工和运输方面有着明显的优势。但钢格构式塔架在叶片段存在"扫塔"问题，且拼装构架多，现场安装工作复杂，众多的节点增加了后期维护的难度，高度越高维护工作也越不利。在此背景下提出了组合式塔架，即下部采用格构式塔架、上部采用单管式塔筒，克服了单管式和格构式的不足，且提出了一种上口圆下口方的光滑过渡节点（图 12）。高日吨等对其进行了极限荷载工况和疲劳工况下的有限元分析。[13]

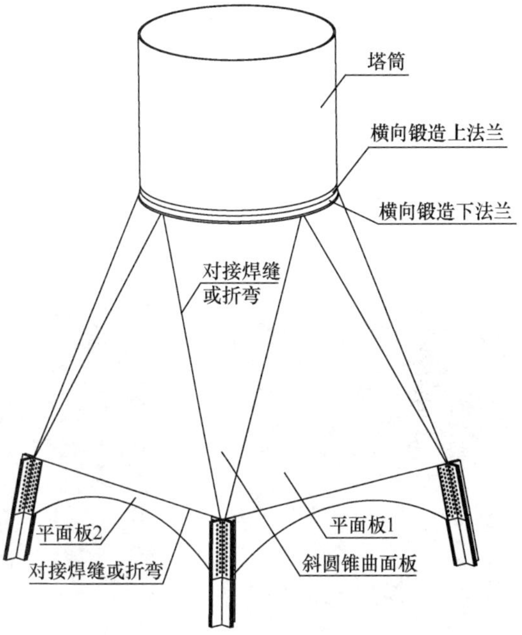

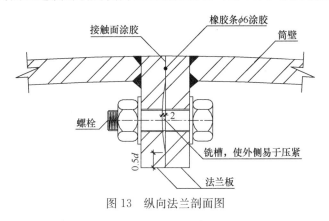

图 12　组合式塔架过渡段示意图

2.5.2　其他结构

公路运输条件对塔筒直径有一定限制。为此，提出了一种塔筒纵向法兰，将大直径塔筒分片制造、运输、现场组装、安装，使大型发电机组的发展不受公路运输制约，同时节约大直径塔筒运输成本（图 13）。纵向法兰采用高强螺栓连接，保证连接的强度和刚度，使各片塔筒共同工作。在一侧纵法兰板面开槽，以避免因纵向法兰贴合不紧密引起的塔筒渗水，在横纵法兰相交处采用过桥连接板，避免采用纵向法兰连接时引起横向法兰刚度削弱（图 14）。纵向法兰同时可起到塔筒

图 13　纵向法兰剖面图

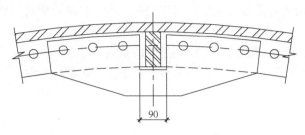

图 14　纵向法兰与横向法兰连接板

加劲的作用。

　　纵向法兰已应用于大庆检测塔和淮安电视调频发射塔，其中大庆检测塔主塔柱截面 Φ6000×25 和 Φ7700×30，水平向用纵法兰均分为 6 片，淮安电视调频发射塔主井筒截面 Φ8500×35，水平向用纵法兰分为 12 片（图 15）。[14,15]

2.5.3　体外预应力

　　塔架形式为装配式体外预应力混凝土塔架。每段塔筒均由混凝土浇筑而成，呈锥筒形。预应力筋设置于塔筒结构内部，采用体外预应力的方式，塔筒结构单元安装就位后张拉预应力筋，使塔筒结构成为整体（图 16）。[16]

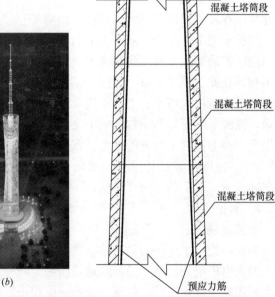

(a)　　　　　　　　　　*(b)*

图 15　纵向法兰应用于电视塔
（*a*）大庆塔效果图；（*b*）淮安塔效果图

图 16　体外预应力技术示意图

混凝土塔筒段

混凝土塔筒段

混凝土塔筒段

预应力筋

　　这种塔架形式通过采用预应力筋，使混凝土始终处于受压状态，避免了混凝土筒壁的疲劳问题。采用体外预应力基础，使钢绞线定位、张拉更为方便。充分利用了高强材料，并使用混凝土筒代替钢筒，具备良好的经济效益。

3. 下部基础亚健康状态的防治

3.1　传统基础结构的分析

3.1.1　传统基础环基础概念设计分析

　　目前，我国风力发电塔多采用在混凝土基础中埋置基础环，用于连接塔筒和基础。基础环锚固于基础钢筋混凝土中，通过底部 T 形板和侧壁将所受荷载传递至基础钢筋混凝土中，其中弯矩和竖向力由 T 形板与混凝土的局部压力承受，剪力由基础环与混凝土的侧压力承受，图 17。风机荷载以弯矩为主，其他荷载分量对基础与混凝土连接产生的荷载效应很小。

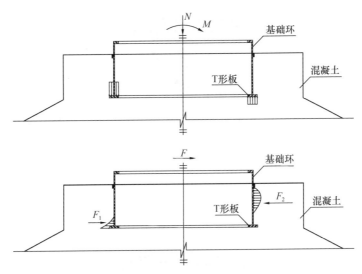

图 17　基础环与混凝土连接受力分析

基础环连接处典型配筋见图 18。可见，基础柱墩在基础环以下、底板以上区段内竖向钢筋要承受全部外力，基础环已不起作用，此处为强度薄弱环节；在基础环范围内，基础刚度很大，不产生裂缝，所有因转角产生的裂缝集中在基础环和底板之间，裂缝宽度增大，此处为基础刚度薄弱环节；基础薄弱环节裂缝集中、荷载长期作用下不断发展，使钢筋易于锈蚀；特别是在寒冷地区，裂缝的开展

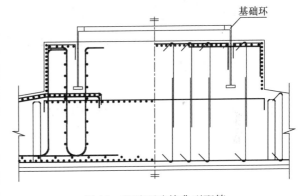

图 18　基础环连接典型配筋

使水易于进入并产生冻融循环作用，恶化混凝土的耐久性。此外，基础环基础还存在以下问题：基础上部钢筋穿入基础环不便利，基础整体性差；在基础环区段内钢筋重复布置，经济性差。

采用有限单元法对某 1.5MW 风机典型基础环连接建模分析[17]。图 19 为风机基础结构在极限载荷作用下的变形图，从图中可明显看出由于基础环受较大的弯矩作用，受拉侧基础环被拔起，与混凝土之间有脱离的趋势，而受压侧基础环则受较大的压力作用向下冲压。

极限荷载工况下基础混凝土的第一、第三主应力分布见图 20、图 21。

风机塔筒的荷载通过埋置在基础内的基础环传递至基础，基础环附近的应力分布与传

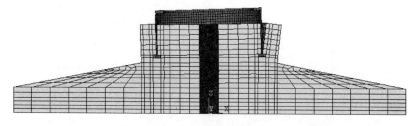

图 19　风机基础的变形图（放大 50 倍）

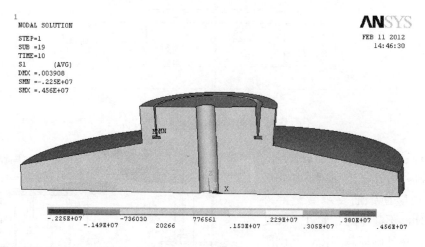

图 20　基础混凝土应力分布图（第一主应力）

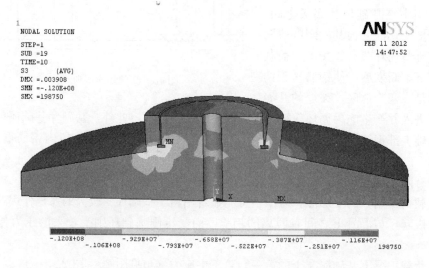

图 21　基础混凝土应力分布图（第三主应力）

递是关注的重点。从基础混凝土的主应力分布图可看到，混凝土应力正是主要集中在基础环附近区域。第一主应力主要分布在受拉侧基础环上下翼缘附近，在下翼缘与底板上表面间的过渡段，混凝土拉应力达到抗拉强度，将出现水平裂缝，混凝土退出工作，应力将全部转由竖向钢筋承担。压应力由第三主应力分布图可看出主要分布在受压侧基础环下翼缘附近，压应力未达到混凝土抗压强度。由此可见，在极限荷载工况下基础混凝土不易发生压碎破坏，但在基础环底到底板上层钢筋之间有强度和刚度薄弱环节，在钢筒结束处，拉力将全部转向竖向钢筋，钢筋应力分布见图22。

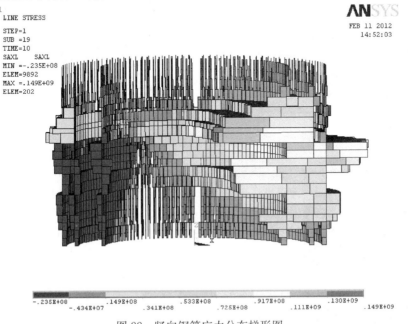

图22 竖向钢筋应力分布梯形图

图22为基础T形处应力转向钢筋的过程，由于基础环在此处终止、用钢量突然减少，极限弯矩作用下拉应力全由基础环两侧的竖向钢筋承担，此段应力比上部存在基础环时的应力增大2～3倍，因此该位置是基础设计中需要特别关注的。

3.1.2 传统基础结构的破坏事故实例分析

2006年8月10日的桑美台风中，浙江温州鹤顶山风电场28台机组全部受损，其中2台刚完成吊装的750kW风机在基础环下方截断（图23）；2007年1月11日，日本本州岛Higashidori风电场一台风机因基础钢筋拔出导致风机整体倒塌（图24）；2009年12月27

图23 基础环连接处截断

图24 基础钢筋锚固破坏

日，纽约 Finner 风电场一台 GE1.5MW 风机因基础环下方截断导致风机整体倒塌（图25）。图 26 和图 27 为某风场出现的基础环事故，该风场 2010 年建成验收发电，2013 年发现基础大量出现问题，其中最严重的 4 台基础环在基础中晃动，还有 19 台也有不同程度的类似破坏[2]。

图 25　基础环处截断

图 26　基础环锚固失效

图 27　基础环下法兰处
混凝土破坏

风机运行产生的往复疲劳荷载作用下，基础环 T 形板往复作用于其上下的混凝土，基础环侧壁对柱墩混凝土产生径向向外的往复作用；如此造成 T 形板处混凝土逐渐产生裂缝、碾磨破碎，也引起柱墩混凝土与基础环间隙的增加。随着水分的进入，基础环连接表现为渗水、被碾磨破碎的混凝土以灰浆的形式喷出。

基础环埋入深度小，塔筒直径 4.3m 左右的 1.5～3.0MW 风机基础环埋入深度 1.2～1.4m 不等，远小于《钢结构设计规范》GB 50017—2003[7]第 8.4.15 条要求的，插入式柱脚插入最小深度为 1.5d（d 为钢管柱/塔筒直径）。埋入深度浅，基础环 T 形板处应力集中严重，正常运行载荷作用下，混凝土即发生开裂，随机风荷载作用下，反复受力后混凝土产生疲劳破坏。

此外，基础环基础混凝土浇筑后，由于混凝土收缩，混凝土和基础环之间产生收缩缝隙；基础环受力后，与混凝土之间缝隙进一步增大。对于北方地区和南方高山地区，水分进入缝隙结冰后形成冻胀作用，进而恶化钢筋混凝土对基础环的锚固作用。

更为重要的是，基础环连接为非预应力结构，却要承受上部结构传来的疲劳荷载作用。混凝土抗拉承载力小、抗疲劳荷载作用性能差，如需承受疲劳荷载应施加预应力，如公路和铁路预应力混凝土桥梁等。所以，基础环连接发生以上破坏存在一定的必然性。

3.2　新型基础的开发

3.2.1　概念设计

采用预应力锚栓连接塔筒和基础，塔筒的荷载通过预埋在基础内的预应力锚栓传递至基础。锚栓贯穿基础整个高度并通过下锚板将锚栓锚固在基础底板，结构连续、无刚度和强度突变；钢筋和锚栓交叉架设，互不影响，施工便利，基础整体性好；采用直接张拉法对锚栓施加准确的预紧力，使上、下锚板对钢筋混凝土施加压力，基础受弯作用时，混凝土压应力有所释放但始终处于受压状态，混凝土不产生裂缝，其耐久性得到提高，也提高了对基础悬挑结构配筋的锚固力；基础柱墩中竖向钢筋几乎不受力，仅需按构造配置预应力钢筋混凝土中的非预应力钢筋（图28）。

预应力是为了改善结构服役表现，在施工期间给结构预先施加的压应力，结构服役期间预加压应力可全部或部分抵消载荷导致的拉应力，避免结构破坏。常用于混凝土结构，是在混凝土结构承受荷载之前，预先对其施加压力，使其在外荷载作用时的受拉区混凝土内力产生压应力，用以抵消或减小外荷载产生的拉应力，使结构在正常使用的情况下不产生裂缝或者裂得比较晚（图29）。

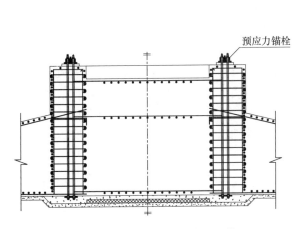

图28 预应力锚栓连接典型配筋

图29 预应力作用原理

此外，预应力锚栓从张拉完毕直至使用的整个过程中，其应力值的变化幅度小，因而其抗疲劳荷载作用性能好。

设锚栓长度为 L，在预紧力 P 作用下混凝土压应力为 C；疲劳荷载 N_t 作用下，锚栓预紧力增加到 P_f、伸长量为 δa，混凝土压应力减小到 C_f、混凝土压缩变形恢复量为 δb（图30）。

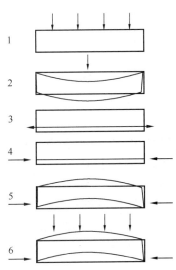

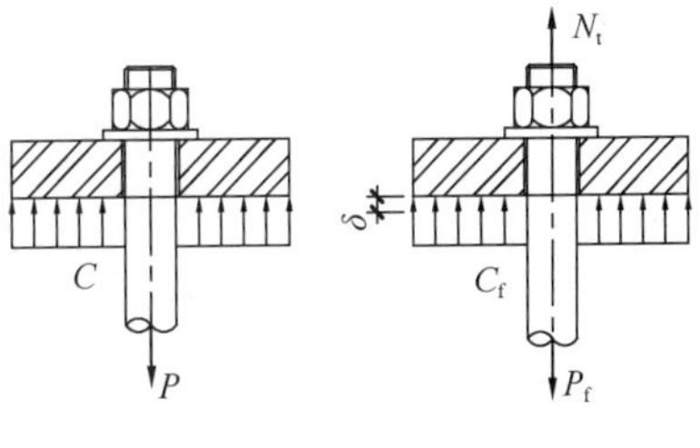

图30 预应力锚栓受力示意图

锚栓伸长量 $\delta a = \dfrac{(P_f - P)L}{E_s A_d}$，混凝土恢复量 $\delta b = \dfrac{(C - C_f)L}{E_c A_c}$

根据变形协调，$\delta a = \delta b$，即：$\dfrac{P_f - P}{E_s A_d} = \dfrac{C - C_f}{E_c A_c}$

$$(P_f - P)E_c A_c = E_s A_d (C - C_f) = E_s A_d (P - P_f + N_t) = E_s A_d (P - P_f) + E_s A_d N_t$$

$$(P_f - P)(E_c A_c + E_s A_d) = E_s A_d N_t$$

$$P_f - P = \frac{E_s A_d N_t}{E_c A_c + E_s A_d}$$

$$P_f = P + \frac{E_s A_d N_t}{E_c A_c + E_s A_d} = P + \frac{N_t}{\dfrac{E_c A_c}{E_s A_d} + 1}$$

混凝土及钢筋的弹性模量分别为 $E_c = 1.3 \times 10^4$（MPa）、$E_s = 2.06 \times 10^5$（MPa），设 M36 锚栓及单个锚栓对应的混凝土面积分别为 $A_d = 36^2 \pi / 4 = 2034.7$（mm²）、$A_c = 800 \times 150 = 1.2 \times 10^5$（mm²）。

由于，$\dfrac{E_c A_c}{E_s A_d} = 3.72$，得到 $P_f = P + \dfrac{N_t}{4.72}$

可见，预应力锚栓疲劳应力幅仅为疲劳荷载幅值的 21.2%，而基础环基础为非预应力结构，其疲劳应力幅即为疲劳荷载幅值[18]。

预应力锚栓均选用高强度双头螺栓且采用直接张拉法紧固，锚栓仅受简单的拉应力。双头螺栓不需墩头，避免了墩头处理可能引起的缺陷；此外，高强螺栓经淬火及高温回火后得到均匀的回火索氏体组织，因此具有较高的强度、足够的韧性和良好的抗疲劳性能。

3.2.2　结构设计

预应力锚栓基础采用预应力锚栓连接塔筒与基础，连接处受力改善，基础形式更加灵活，可根据不同的地质条件设计不同的基础形式，如梁板式预应力锚栓基础、板式预应力锚栓基础、地基处理结合预应力锚栓扩展基础、预应力自锁式岩石锚杆基础、湿陷性黄土场地扩底桩基础、软土地基预制预应力圆筒基础（PPC 基础）、硬土地基反转模板预应力圆筒基础（RPC 基础）等。

大功率风力发电塔基础需承受较大的弯矩，基础范围往往较大，因而悬挑长度大，经济性差。对硬土地基，采用梁板基础代替板式扩展基础，梁的中间交叉范围形成与塔筒对接区域（图31）。

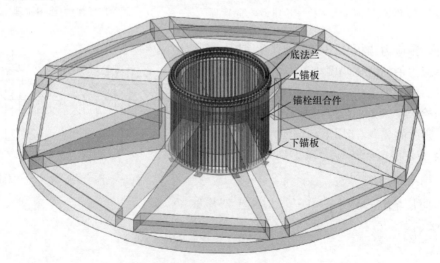

底法兰
上锚板
锚栓组合件
下锚板

图 31　梁板式预应力锚栓基础

风力发电塔基础往往承受较大弯矩和较小压力，而独立扩展基础抗压能力有余、抗弯效率不高，基础边缘与地基脱开往往起控制作用。因此在基础底板中心垫圆形聚苯乙烯板，减小并优化环形基础底板与地基接触面，提高了基础抗倾覆承载力（图32）。

取 D 为基底直径，d 为基底垫发泡聚苯乙烯直径。竖向荷载产生的基底压力 p_N 和风弯矩产生的基底压力 p_M 分别为[19]：

$$p_N = \frac{F_k + G_k}{\pi(D^2 - d^2)/4}$$

$$p_M = \frac{M_k}{\pi(D^4 - d^4)/64} \frac{D}{2}$$

其中，G_k 为基础自重和基础上的土重；F_k、M_k 分别为荷载效应标准组合时，作用于基础底面的竖向力和力矩。为使受拉侧基底不脱开，应使 $p_N - p_M \geqslant 0$，即 $4(F_k + G_k)(D^2 + d^2) - 32M_kD \geqslant 0$；同时为使受压侧基底压力不至于太大，应使 $p_N + p_M$ 尽可能取最小值。

所以，基底垫发泡聚苯乙烯直径取为 $d = \sqrt{\dfrac{8M_kD - (F_k + G_k)D^2}{F_k + G_k}}$，设计时可做适当的调整。

硬土地基板式预应力锚栓基础结合了锚栓基础和板式扩展基础施工较方便的特点，在基础底板中心垫圆形聚苯乙烯板，减小并优化环形基础底板与地基接触面，提高了基础抗倾覆承载力。但由于大功率风机基础范围往往较大，悬挑长度大，因此经济性较差（图32）。

对于某些风场存在较薄软弱地基土（如压缩性高、强度低地基土、湿陷性黄土等），无法承受上部结构荷

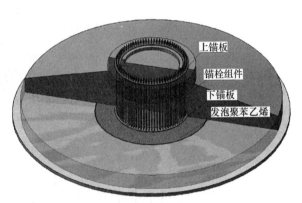

图32　板式预应力锚栓基础

载时，可对基础持力层采用加固处理，加强后的地基土可作为预应力锚栓扩展基础持力层。地基处理一般是指用于改善支承建筑物的地基（土或岩石）的承载能力，改善其变形性能或抗渗能力所采取的工程技术措施。常用的地基处理方法有：换填垫层法、强夯法、砂石桩法、振冲法、水泥土搅拌法、高压喷射注浆法、预压法、夯实水泥土桩法、水泥粉煤灰碎石桩法、石灰桩法、灰土挤密桩法和土挤密桩法、柱锤冲扩桩法、单液硅化法和碱液法等。

地基处理方案与常规的桩基方案相比，不但节约工程造价，也大大缩短施工周期（图33）。

对微风化、中风化等整体性好的硬质岩石地基，采用岩石锚杆基础，锚杆底部采用菱形扩大头，并对锚栓施加预紧力。把锚杆与岩石之间不够稳定的握裹力变成稳定的抗压承载力，使锚杆适于承受风机的疲劳振动荷载，充分利用岩体协助基础抗弯矩，岩石开挖量少，对山体自然环境破坏小，基础工程量和造价大幅度减小（图34）。

湿陷性黄土是一种非饱和的欠压密土，具有大孔和垂直节理，在天然湿度下，其压缩性较低，强度较高，但遇水浸湿时，土的强度显著降低，在附加压力或在附加压力与土的自重压力下引起的湿陷变形，是一种下沉量大、下沉速度快的失稳性变形，对建筑物危害大。

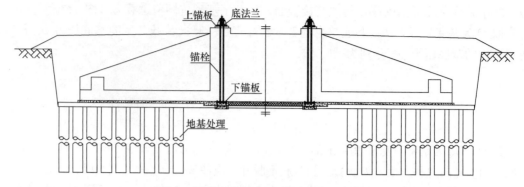

图 33　地基处理结合预应力锚栓扩展基础

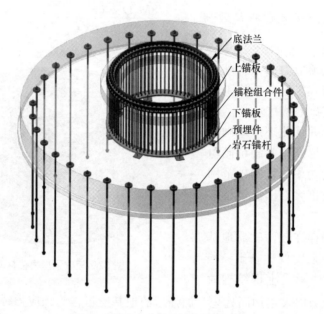

图 34　预应力自锁式岩石锚杆基础

我国湿陷性黄土主要分布在山西、陕西、甘肃的大部分地区，河南西部和宁夏、青海、河北的部分地区，此外，新疆、内蒙古、山东、辽宁、黑龙江等局部地区亦分布有湿陷性黄土。以上地区是我国的风能资源丰富、风电场主要集中的地区。

结合结构重要性、地基受水浸湿可能性大小和在使用期间对不均匀沉降限制的严格程度，风机基础属于乙类。根据规范，在湿陷性黄土场地，当采用地基处理措施不能满足设计要求、对整体倾斜有严格限制的高耸结构、对不均匀沉降有严格限制的建筑和设备基础、主要承受水平荷载和上拔力的基础中任何一条就应采用桩基础。风力发电塔系主要承受水平荷载，且对整体倾斜限制较严格，对于地基处理措施不能满足设计要求的场地，应采用桩基础，且桩端必须穿透湿陷性黄土层。

湿陷性黄土场地风机基础，设计采用扩底桩基础，桩端穿透湿陷性黄土层，支承在压缩性较低的非湿陷土层，桩端扩底，提高单桩承载力，节约桩的数量和长度。基桩旋挖成桩，作业效率高，单台基础 24h 可完成成孔、放钢筋笼、浇筑基桩混凝土（图 35）。

湿陷性黄土场地扩底桩基础方案工程量较小、投资较少、施工简便、质量易保证、安全可靠。扩底桩基础也适用于持力层为较厚软弱土层的风机[20]。

预应力圆筒基础是利用被动土压力对约束基础抵抗上部荷载的基础形式，是抵抗以弯矩为主的荷载的高效的结构形式。在水平方向上主要受到外壁侧向土压力和底部水平切向力的作用，在垂直方向上受到侧摩阻力和底部反力的作用。侧向土压力和外侧摩阻力承担了绝大部分的弯矩，内侧摩阻力、筒底水平切向力和筒底反力也在抗弯中起到了一定的作用，但作用很小，可以忽略不计。

从软土地基上某圆筒基础有限元计算的结果可以看出[21]，由于圆筒基础的旋转中心处水平位移为零，在旋转中心处的侧向土压力也为零，且旋转中心上部的圆

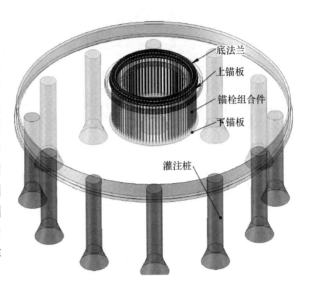

图 35　扩底桩基础

筒基础侧向土压力呈抛物线分布，进一步验证了圆筒基础的侧向土压力不但与其埋深有关，还与其水平位移有关，且根据单管塔计算出的旋转中心的位置与有限元计算出的旋转中心的位置基本一致。从土压力的分布中可以看出，刚开始由有限元计算出的侧向土压力达到了理论极限被动土压力，但随着深度的增加水平位移逐渐减少，被动土压力没有得到充分的发展。旋转中心下方被动土压力又随着水平位移的增加逐渐发展，直到底部附近才发展充分（图 36）。

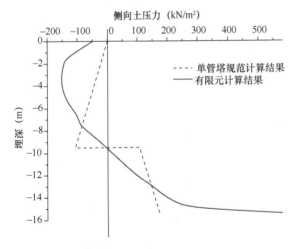

图 36　有限元得出的土压力分布与理论计算对比

图 37 为侧壁垂直摩阻力沿深度方向的分布。摩阻力的方向与筒壁相对于土体的运动方向相反，从图中可以看出外筒壁前部摩阻力与后部摩阻力方向是相反的，由于摩阻力的大小与接触面的正应力是成正比的，所以内壁摩阻力上部基本为零，由于筒体向前转动，外壁后侧上部一部分土体与桩的接触面张开，其摩阻力也为零。通过对侧摩阻力抗倾覆能力的分析可知，内壁侧摩阻力产生的抗倾覆弯矩为 480kN·m，外壁侧摩阻力产生的抗倾覆弯矩为 4880kN·m，对于埋深 16m，极限抗弯能力达到 56675kN·m 的桩来说，内侧摩阻力对于抗倾覆的贡献是很小的，如果在计算筒状基础时直接按钢结构单管通信塔技术规程的公式计算，忽略内部侧摩阻力的抗倾覆作用是可取的。

由于筒底土体受到挤压变形较大，且圆筒底部土体颗粒可能会重分布，而有限元无法实现这一条件，使得有限元得出的筒底反力并不真实，内外壁的垂直反力差别较大。通过

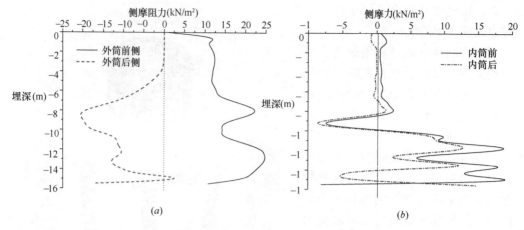

图 37　侧摩阻力沿深度方向的分布

(a) 筒外侧摩阻力分布；(b) 内筒侧摩阻力分布

计算，筒底端部的水平剪力承担了 1930kN·m 的弯矩，筒底反力承担了 994kN·m 的弯矩。表 3 为在极限弯矩作用下各反力承担弯矩的大小。从表中我们可以看出侧向土压力和外侧摩阻力承担了绝大部分的弯矩，内侧摩阻力、筒底水平切向力和筒底反力的抗弯作用在实际设计中可以略去。

反力承担的弯矩 表 3

项　次	侧向土压力	外侧摩阻力	内侧摩阻力	筒底水平切向力	筒底反力	极限弯矩
承担弯矩（kN·m）	51916	4880	480	1930	994	60200
所占比例	86.24%	8.11%	0.80%	3.21%	1.65%	100%

对于地下水位较高的软土地基（包括沿海潮间带，内陆湿地），地基条件差，承载能力低。目前国内一般采用多桩承台基础材料用量巨大，施工成本较内陆地区高，且需要大量混凝土现浇工作，施工周期长。

与目前常用的多桩承台基础相比，预制预应力圆筒基础（简称 PPC 基础，图 38）具

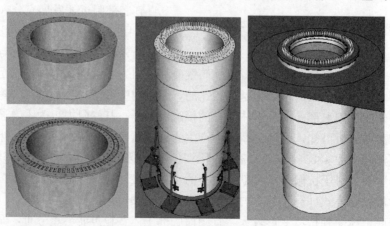

图 38　软土地基预制预应力圆筒基础

有以下优势：

（1）筒式基础抗弯效率高，预应力技术的应用亦提高了材料的利用率，节省混凝土和钢筋用量；

（2）采用可工厂预制的基础环运输到现场用预应力钢绞线、锚栓连接进行拼装，工厂化制作效率高，精度高，减少现场作业量，缩短施工工期；

（3）基础采用沉井基础的施工方法下沉就位，施工工艺成熟；

（4）对于高地下水位地区，基础中混凝土始终处于受压状态，提高混凝土的耐久性；

（5）水泥土搅拌桩增加外侧地基土水平抗力、减小水平变形作用明显，可进一步减少设计埋深。

反转模板与普通模板不同，普通模板支撑体系在模板围合的空间外侧，混凝土浇筑在围合的空间内，"反转"模板成型后，支撑体系在模板内侧，模板外侧浇筑混凝土（图39）。

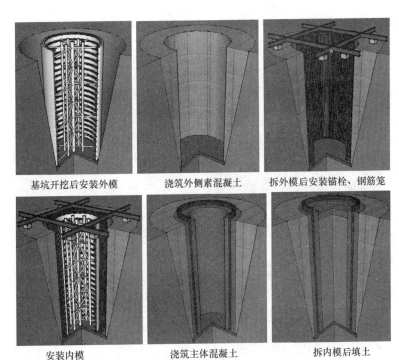

基坑开挖后安装外模　　　浇筑外侧素混凝土　　　拆外模后安装锚栓、钢筋笼

安装内模　　　浇筑主体混凝土　　　拆内模后填土

图 39　硬土地基反转模板预应力圆筒基础

反转模板预应力圆筒基础就是用工具式反转模板实现的预应力圆筒基础。PPC 基础具有以下优势：

（1）受力直接，主体结构工程量小；

（2）基坑尺度无须考虑人员操作和外模板架立空间，基坑尺寸小，节约资源；

（3）采用工具式反转模板，模板装拆便利，重复利用次数多，单次成本降低；

（4）固定模板，受到模板保护，没有安全问题；

（5）基坑外围素混凝土养护到龄期后，自动形成承压环，防止后期作业时的坍方和土体松动；

（6）钢筋笼和锚栓组合件可在地面组装整体吊入井筒；

（7）浇混凝土方便，混凝土体暴露面小，养护成本低（冬季亦可施工）。

3.2.3 新型基础施工过程设计

预应力锚栓基础与基础环基础的施工相比，其差异主要在预应力锚栓组件的安装和调整，方便快捷的安装调整方法是保障安装质量和进度的关键，施工关键步骤见图40。

图40　预应力锚栓基础主要施工步骤

（a）基坑开挖至设计标高，清除浮土。按设计要求浇筑环形垫层和局部垫层，并设置预埋件（局部垫层中心线位于梁轴线角平分线上），放线。

（b）下锚板支撑螺杆位于预埋件中心线上，使下锚板圆心与基础中心同心；下锚板上平面与基础环形垫层顶面平齐；下锚板调整达到规定精度后，将支撑杆与预埋件焊接。

（c）在定位锚栓（支撑上锚板重量，与下锚板支撑螺杆同相位）上套入套管并将下部半螺母和上部尼龙螺母布置到设计位置；对其余锚栓，套入套管并将下部半螺母布置到设计位置，全部锚栓应套入一段热缩管。

（d）将上锚板吊起，自下而上穿入定位锚栓并带上钢螺母，使定位锚栓悬挂在上锚板上；定位锚栓全部布置好之后，缓慢降低上锚板高度，使定位锚栓落入对应位置，拧紧下部螺母。吊机提住上锚板，将其余锚栓（无尼龙螺母）上部穿入上锚板螺栓孔后下部落入对应的螺栓孔，拧紧下部螺母。

（e）采用经纬仪测定成 90°的四个锚栓的垂直度以保证上、下锚板同心；锚栓垂直度超标时，用钢丝绳连接上锚板和基坑外钢桩，调节钢丝绳使锚栓垂直。

（f）采用水准仪测定上锚板上平面的水平度，水平度不满足要求时，用千斤顶将上锚板顶起后调节尼龙螺母使水平度满足要求。调整锚栓露出上锚板的长度，使满足设计要求。

（g）固定锚栓组件，按设计要求铺设基础底部苯板，并浇注下锚板下方和苯板上方垫层。锚栓组合件安装完毕后应进行隐蔽工程验收；在浇注下锚板下方混凝土前，下锚板下方的锚栓螺母必须经监理人员验收及认可签证，确认合格后方可浇注。

（h）布置并绑扎基础钢筋，基础钢筋应与锚栓穿插布置。

3.3 预应力锚栓技术的应用发展

2009 年，预应力锚栓基础首次成功应用于内蒙古乌拉特中旗某风电场。截止到 2015 年底，预应力锚栓基础已成功推广应用于 6000 余台风机，涉及金风、华锐、东汽、联合动力、明阳、上海电气、运达、恩德、湘电、三一、天威、中科、华创、重庆海装、新誉、北京京城新能源、锋电等十余个风电主机厂家的 1500kW、2000kW、2500kW、3000kW、5000kW、6000kW 等系列机型。

实践证明，与基础环基础相比，预应力锚栓基础具有受力明确、抗疲劳性能好，结构布置灵活，施工方便，经济性好等特点，可避免基础环连接常见的破坏，减小因基础连接问题造成的加固、维护费用增加，损失发电量等问题。硬土地基上采用梁板式预应力锚栓基础经济优势更为突出，某 2.0MW 风机梁板式预应力锚栓基础与板式基础环基础经济性对比见表 4，单台基础节约造价达 18.5%。

某 2.0MW 风机梁板式预应力锚栓基础与板式基础环基础经济性对比　　　　表 4

项目、构件名称	单位	板式基础环基础			梁板式预应力锚栓基础		
		数量	综合单价（万元）	合价（万元）	数量	综合单价（万元）	合价（万元）
挖方（理论）	m³	1189.0	0.0020	2.3780	1090.0	0.0020	2.1800
填方（理论）	m³	775.0	0.0020	1.5500	758.8	0.0020	1.5176

项目、构件名称	单位	板式基础环基础			梁板式预应力锚栓基础		
		数量	综合单价 （万元）	合价 （万元）	数量	综合单价 （万元）	合价 （万元）
C15 垫层混凝土	m³	40.3	0.0350	1.4105	29.0	0.0350	1.0150
基础混凝土（C40）	m³	490.0	0.0650	31.8500	302.2	0.0650	19.6430
基础钢筋	t	48.0	0.5500	26.4000	38.6	0.5500	21.2300
锚栓组合件、基础环	t	18.0	1.2000	21.6000	14.900		23.8400
合计				85.1885			69.4256

3.4 防治基础亚健康状况的其他技术进展

3.4.1 预应力自锁锚杆基础

锚杆是岩石地基上基础抗拔的高效率结构方法。在相同岩石地基情况下，岩石锚杆基础设计安全系数比传统基础更高[22]。锚杆插入岩石钻孔中，注入水泥砂浆固结后，靠锚杆和水泥砂浆、水泥砂浆和岩石间的握裹力产生锚固力。由于岩石的不均匀性及岩石和砂浆的脆性，其抗剪承载力变异较大。目前现有的工程经验中，岩石锚杆全长灌浆后的疲劳抗拔承载力也不足锚杆极限承载力的 25%，且离散型很大[23]，造成了岩石锚杆应用的局限性。

虽然国内现有的扩大头锚杆可在一定程度上解决锚杆和砂浆间抗剪离散型大的问题[24]，但是砂浆和岩壁之间的抗剪问题与抗疲劳问题依然没有解决。特别是对风机基础等承受疲劳动力作用的锚杆，国内还未有过相关的研究资料。脆性材料的粘合可能会带来裂缝产生并扩展，从而导致疲劳破坏。

预应力自锁头锚杆可将这种脆性的不够稳定、不够耐久的锚固作用，改为可扩大锚杆头受挤压后靠斜面原理产生的压紧力。岩石受压相当稳定，用这种稳定的压力产生摩擦力，使锚杆自锁在岩石孔洞中。然后用水泥砂浆封闭保护锚头，以保护锚杆的抗疲劳动力性能。另外，锚杆施加预应力也可以减小锚杆在外界拉力作用下的内力变化，减少由此引起的疲劳应力幅，对抗疲劳也有利。

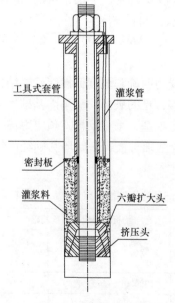

自锁头系统包括锚杆、挤压头和六瓣扩大头，锚杆受拔带动挤压头嵌入六瓣扩大头，扩大头挤压岩壁而产生摩擦力。为有效地使锚杆在施加预紧力的过程中储存弹性势能，并保证受挤压的岩石处在多向压应力的稳定状态，采取了底段局部灌浆。在底部设有密封板，有效地控制灌浆的高度且增加注浆密实度。灌浆通过灌浆管从地面注入。六瓣扩大头和密封板一体化设计，如图 41。工具式钢套管用来在张拉锚栓使六瓣扩大头卡住岩壁，可以拆卸后循环使用。

图 41 自锁锚杆组成

工具式套管
灌浆管
密封板
灌浆料
六瓣扩大头
挤压头

预应力自锁头锚杆的施工流程件图 42。

（a）将上述整套锚件放入现场钻的岩孔中，用临时支座固定；

（b）用穿心液压张拉器张拉锚杆，挤压头和岩孔产生自锁作用。然后通过灌浆管注入灌浆料；

（c）待灌浆料强度到达之后放松上螺母取下工具式套管待重复使用。最后在做好的基础上重新张拉锚杆。

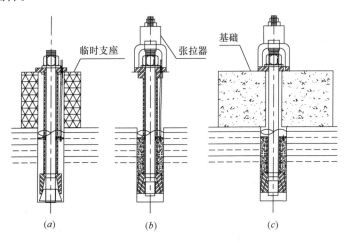

图 42　自锁头锚杆安装流程

试验表明，普通锚杆在 216 万次疲劳作用后灌浆处破坏，自锁头锚杆寿命经历 468 万次同样疲劳作用在螺纹段破坏，锚头未被拔出。其应力幅均值为普通锚杆 25%，通过疲劳应力幅推算的理论寿命是普通锚杆的 45 倍。通过观察两者的破坏模式，普通锚杆易发生灌浆处破坏，破坏模式和疲劳寿命不可预测。而自锁锚杆解决了灌浆处的疲劳问题。无论是抗疲劳性能还是极限拉拔性能，自锁锚头都超过了同等规格的普通锚杆。自锁头锚杆将岩石锚固系统的力学瓶颈转移到了可预测的金属杆体上。解决传统锚杆的抗疲劳问题，最直接有效的方法是施加预应力。然而锚杆需要有一定长度的自由段来储存弹性势能。为了提高岩石锚杆的极限抗拔强度，往往采用通长灌浆。唯一的办法是找到一种良好的端头锚固方法来解决这个矛盾。自锁头锚杆为其提供了一种可行的方案。要进一步提高自锁头锚杆的疲劳寿命，需选用抗疲劳能力更强的锚栓或特殊的连接锚具，以避开螺纹段直接受疲劳作用（图 43）。

3.4.2　海上自锁锚杆基础

将预应力自锁头锚杆与混凝土筒型基础相结合，提出了一种应用于岩石地基条件的海上风机基础——自锁头锚杆预制圆台基础（图 44）。

图 43　试验结果对比
（左为自锁头锚杆，右为普通锚杆）

此基础为上小下大圆台形锥筒，上部设有承台，底部设有环形底板。上部采用预应力锚栓与底节塔筒连接，下部灌浆与经过平整后的地基表面贴合，筒壁沿环向均匀布置一定数量锚孔，从锚孔中穿入带自锁头的预应力钢绞线，在自锁头进入微风化岩后对自锁头进行张拉，使扩大头压入岩石圈，达到设计张拉力后，对自锁头灌浆锚固，使基础稳固地坐于岩石地基上。预应力钢绞线同时使筒壁始终处于受压状态，改善了筒壁的受力状态。

该基础形式陆上制造，通过连接浮筒浮运至预定场地，并在液压提升设备控制下沉底（图45）。若岩石表面有较厚软弱覆盖层，还可从锚孔中伸入旋喷桩钻头对覆盖层进行旋喷桩加固。

预应力钢绞线使筒壁在荷载标准值作用下全截面受压，达到一级裂缝控制标准，避免了混凝土的疲劳问题且利于防腐蚀。

自锁头锚杆预制圆台基础继承了预应力自锁头锚杆的高可靠度，可适应岩石地基条件，0～20m水深，刚度较大，与现有的其他基础形式相比造价较低。其采用的钢绞线相对于常规锚杆具有更好的抗疲劳性能。

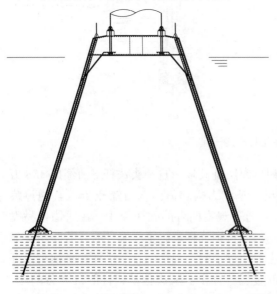

图44　自锁头锚杆预制圆台基础示意图

图45　自锁头锚杆预制圆台基础下沉阶段效果图

3.4.3　海上浮盘式基础

浮箱式基础主体由混凝土筒壁，底板，射线梁和环梁组成。在射线梁上设PVC导管，预留旋喷桩施工孔。基础主体在陆上完成浇捣和养护。在射线梁中设有预应力筋，采用后张法对射线梁施加预应力。基础筒壁，射线梁，环梁之间形成数个等大扇形空舱，基础可自浮（图46）。

浮运时将空仓上部覆盖钢盖板，以防波浪涌入。基础运到指定地点后，打开部分空舱的钢盖板，往空舱内注水，使重力略大于浮力，基础在承台中的施工稳定桩控制下实现可控下沉，可控下沉通过五步实现（图47）。

（a）第一步，初始状态下，支座定位环可调节摩擦板外伸，中支座抱住桩和送桩；钢绞线底端系在承台预埋件上，顶端悬挂在钢脚手架外圈柱的延伸件上，驱动抱箍固定在钢绞线上。每个驱动抱箍上设有2个液压提升器。驱动抱箍上设有弹簧片，弹簧片弹开，留有一定间隙，抱箍和桩分离。

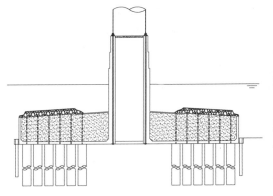

图 46　自控浮箱式基础示意图　　　　　　　图 47　自控浮箱式基础的浮运

（b）第二步，中支座定位环可调节摩擦板后缩，桩和送桩在中支座定位下有摩擦向下滑移，直至触底。

（c）第三步，驱动抱箍螺栓张紧，抱住送桩，液压提升器张拉钢绞线沿钢绞线下行，带动送桩下沉。每次沉对称 4 根桩，分 3 次将 12 根施工稳定桩压入海底。

（d）第四步，钢绞线与平台延伸件脱离，此时基础悬挂于抱箍上，抱箍固定于送桩顶，4 个浮箱注水，形成下沉力，液压提升器反向行走，缓慢将基础送至海床。

（e）第五步，基础就位后依次拆除抱箍、钢绞线、送桩和中支座定位环。

沉底后，打开所有钢盖板，先在浮箱内充填泥沙并在浮箱顶抛石，使基础底部软土排水固结。然后在射线梁上架设的施工脚手架上对基础底部射线梁下和环梁下等高应力区进行旋喷桩加固。基础与下部塔筒通过预应力锚栓连接，预应力锚栓同时使混凝土筒壁始终处于受压状态，改善了筒壁的受力状态。

自控浮箱式基础可适应软土地基，0～15m 水深，陆上制造，自浮，下沉可控，刚度较大，经济性较好。

4. 总结

经过多年的高速发展，中国风电行业的一些问题也逐渐显露出来，主要表现在安全事故频发，风电机组运行维护成本居高不下，其运维费用占项目运维费用的 90% 以上[25]。传统风电结构长期处在亚健康状态是其运行维护成本居高不下、安全事故频发的主要原因。上部钢结构螺栓连接的刚度及其防松性能是确保其在长期疲劳荷载作用下健康运行关键，采用预应力锚栓连接塔架和基础、采用预应力锚杆连接承台和岩体等预应力措施是避免下部基础发生疲劳破坏的最佳解决方案。定期检测或实时监测风电结构的振动频率，及时发现结构亚健康发展趋势，做到尽早发现、及时排除，是避免风电结构亚健康向重大安全事故发展的必要手段。

参考文献

[1]　Jui-Sheng Chou，Wan-Ting Tu. Failure analysis and risk management of a collapsed large wind turbine tower[J]. Engineering Failure Analysis. 2011，18：295-313.

[2] 马人乐，黄冬平．风力发电结构事故分析及规避[J]．特种结构．2010，27(3)：1-3.

Ma Renle, Huang Dongping. Failure Analysis and Avoidance of Wind Power Structure[J]. Special Structures，2010，27(3)：1-3.

[3] 马人乐，黄冬平．风电结构亚健康状态研究[J]．特种结构，2014.31(4)：1-4.

Ma Renle, Huang Dongping. Study on the Sub-health State of Wind Power Structure [J]. Special Structures，2014，31(4)：1-4.

[4] 谢雁鸣，刘保延．亚健康人群亚型症状特征初探[J]．北京中医药大学学报．2006，29(5)：355-360.

Xie Yanming, Liu Yanbao. Characteristics of Subtype Symptoms in Subhealthy People Group[J]. Journal of Beijing University of Traditional Chinese Medicine. 2006，29(5)：355-360.

[5] 陈海波，何长华．钢管结构无加劲法兰计算方法的试验研究[J]．电力建设．2005，26(7)：16-19.

Chen Haibo, He Changhua. Test and Study on Calculation Method of Steel Tube Non-stiffened Flange[J]. Electric Power Construction. 2005，26(7)：16-19.

[6] 马人乐，刘恺，黄冬平．反向平衡法兰试验研究[J]．同济大学学报．2009，37(10)：1333-1339.

Ma Renle, Liu Kai, Huang Dongping. Experimental Research of Reverse Balance Flange[J]. Journal of Tongji University (Natural Science)，2009，37(10)：1333-1339.

[7] 中华人民共和国国家标准．GB 50017—2003 钢结构设计规范[S]．北京，2003.

The national standard of the People's Republic of China. GB 50017—2003 Code for Design of Steel Structures[S]. Beijing，2003.

[8] 中华人民共和国行业标准．JGJ 82—91 钢结构高强度螺栓连接的设计、施工及验收规程[S]．北京，1992.

The industry standard of the People's Republic of China. JGJ 82—91 Design, Construction and Acceptance Specification for High-strength Bolt Connection of Steel Structures[S]. Beijing，2003.

[9] 马人乐，黄冬平，吕兆华．反向平衡法兰有限元分析[J]．特种结构．2009.26(1)：21-25.

Ma Renle. Huang Dongping，Lu Zhaohua. Finite Element Analysis of Reverse Blance Flange[J]. Special Structures. 2009.26(1)：21-25.

[10] 谢恩，童乐为，黄冬平，马人乐．基于热点应力法的反向平衡法兰的疲劳性能评估研究[J]．钢结构．2010.25(141)：542-548.

Xie En. Tong Lewei. Huang Dongping. Research on fatigue performance of Reverse Balance Flange based on hot spot stress method[J]. Steel Construction. 2010.25(141)：542-548.

[11] 黄冬平．反向平衡法兰现场实测及有限元分析[D]．同济大学工学硕士论文．2009.

Huang Dongping. Field Measurement and Finite Element Analysis of Reverse Balance Flange[D]. Tongji University in conformity with the requirements for the degree of Master of Philosophy. 2009.

[12] 马人乐，黄冬平，刘慧群．莱州湾 3MW 风力发电塔结构设计及实测研究[J]．特种结构．2012.29(4)：42-46.

Ma Renle, Huang Dongping, Liu Huiqun. Structure design and measurement of 3MW wind power tower in Laizhou Bay. Special Structures. 2012.29(4)：42-46.

[13] 高日吨，阳荣昌，彭文兵．组合式风力发电塔架过渡段有限元分析[J]．特种结构，2015，(04)：23-26.

Gao Ridun, Yang Rongchang, Peng Wenbing. FEM Analysis for a Transition Piece of a Composite Tower for a Wind Turbine[J]. Special Structures，2015，(04)：23-26.

[14] 吕兆华，马人乐，阳荣昌．大庆监测塔塔筒结构设计中的特殊问题[J]．特种结构，2012，(04)：111-114.

Lv Zhaohua, Ma Renle, Yang Rongchang. Special Problems in Design for Daqing Tower[J]. Special

Structures，2012，（04）：111-114.

[15] 陈俊岭，马人乐，何敏娟．临沂电视塔结构设计中的特殊问题[J]．特种结构，2008，（02）：36-38.
Chen Junling，Ma Renle，He Minjuan．Special Problems in Design for Linyi Tower[J]．Special Structures，2008，（02）：36-38.

[16] 尹国友．体外预应力预埋锚栓连接式混凝土风电塔架[P]．中国专利：CN202559815U，2012-11-28.
Yin Guoyou．External Prestressing Pre-Embedded-Anchor-Connected Concrete Wind Turbine Tower [P]．China patent：CN202559815U，2012-11-28.

[17] 杨涛，黄冬平．预埋塔筒式风塔基础的有限元分析[J]．特种结构．2012.29(4)：61-86.
Yang Tao，Huang Dongping．Finite Element Analysis of the Ring-foundation of wind power generation tower[J]．Special Structures．2012.29(4)：61-86.

[18] 黄冬平，何桂荣．风力发电塔基础预应力锚栓的抗疲劳性能研究[J]．特种结构．2011.28(5)：13-15.
Huang Dongping，He Guirong．Study on fatigue performance of pre-stressed anchor bolts in wind power generation tower[J]．Special Structures．2011.28(5)：13-15.

[19] 马人乐，孙永良，黄冬平．风力发电塔井格梁板式预应力锚栓基础设计研究[C]．第18届全国结构工程学术会议论文集第Ⅲ册．2009.Ⅲ：434-438.
Ma Renle，Sun Yongliang，Huang Dongping．Design Research on Wind Turbine Generator Tower Prestressed-Anchor & Beam-Slab Foundation[C]．Proceedings of the eighteenth National Conference on Structural Engineering．2009(Ⅲ)：434-438.

[20] 马人乐，黄冬平．湿陷性黄土场地风机扩底桩基础设计[J]．特种结构．2012.29(4)：50-55.
Ma Renle，Huang Dongping．Design of Wind Turbine Expanding-Bottom Pile Foundation in Collapsible Loess Field[J]．Special Structures．2012.29(4)：50-55.

[21] 马人乐，唐甜甜．软土地基上筒状基础的抗弯承载力分析[J]．特种结构．2009.26(4)：40-44.
Ma Renle，Tang Tiantian．Analysis of Bending Bearing Capacity of Ring Foundation on Soft Clay Foundation [J]．Special Structures．2009.26(4)：40-44.

[22] 霍宏斌，高建辉，张文东．岩石锚杆风电机组基础设计及应用[J]．技术，2015，（3）：64-67.
Huo Hongbin，Gao Jianhui，Zhang Wendong，Design and Application of Rock Bolt Foundation for Wind Turbine Towers[J]．Technology，2015，（3）：64-67.

[23] 梁花荣，刘婕，刘泉辉．岩石锚杆在风电基础中的应用试验[J]．水电施工技术，2013，73(3)：25-29.
Liang Huarong，Liu Jie，Liu Quanhui．Application test of Rock Bolt Foundation for Wind Turbine Towers[J]．Hydropower Construction Technology，2013，73(3)：25-29.

[24] 吴勇，李红有，曹恩志．岩石扩底锚杆基础在风电机组中的应用[J]．技术，2014，（11）：113-118
Wu Yong，Li Hongyou，Cao Enzhi．Application of Rock Bottom-Spread Bolt Foundation for Wind Turbine Towers[J]．Technology，2014，（11）：113-118

[25] 张文忠，秦海岩．试论风电运维费用量化评估的重要意义[J]．风能．2012，8：42-44.
Zhang Wenzhong，Qin Haiyan．The Significance of O&M Cost Quantitative Assessment[J]．Wind Energy．2012，8：42-44.

电力土建特种建（构）筑物结构设计关键技术

陈　峥[1]，侯建国[2]，王振宇[1]，董建尧[1]

（1. 华东电力设计院，上海　210063

2. 武汉大学土木建筑工程学院，湖北 武汉　430072）

摘　要：本文着重介绍电力土建工程结构中重要而独特的建构筑物如火力发电厂主厂房结构、大型汽轮发电机基础、贮煤筒仓和圆形煤场结构、输电线路铁塔结构、大型冷却塔、高烟囱等建（构）筑设计关键技术。

关键词：电力土建；特种结构；关键技术

Abstract：This article focuses on the key design technologies for important and unique structures of electric engineering such as main building for fossil power plant，large turbine generator pedestal，coal silo and circular coal yard structure，transmission steel tower，cooling tower and high chimney

Keywords：Civil works for electric engineering；Special structure；Key technology

1. 引言

　　大型电力工程指发电、输电、变电、配电等诸多环节综合的有机整体，成为社会物质生产部门中空间跨度最广、时间协调严格、层次分工极复杂的实体工程系统。随着我国电力工业的快速发展，电力土建也得到进一步的发展。由于电力工业的特殊性，电力土建的特种建（构）筑物在建筑行业中独树一帜。图1、图2、图3分别为中电投上海漕泾电厂、中电投安徽平圩电厂、华能江苏金陵电厂。

图1　中电投上海漕泾电厂

电力工程土建结构设计就是根据火力发电工艺专业和建筑专业提出的设计条件，包括

图 2　中电投安徽平圩电厂

图 3　华能江苏金陵电厂

建（构）筑物的主要尺寸、作用大小、连接构造、允许变形等使用要求及工程特定外部条件，经过计算分析，设计出在规定的使用年限内能满足预定使用要求的、安全、耐久的结构。本文着重介绍发、送、配电土建工程结构中重要而独特的火力发电厂主厂房结构及其抗震性能研究、大型汽轮发电机基础、煤场结构（贮煤筒仓和圆形煤场结构）、输电线路铁塔结构、大型冷却塔、高烟囱等设计关键技术等内容。

2. 混凝土结构主厂房结构方案和抗震性能研究

2.1　结构主厂房结构方案

火力发电厂主厂房属于热力生产车间，工艺布置要求尽量紧凑，厂房结构选型和结构体系首先要根据工程工艺布置特点，并结合工程地质和抗震设防等要求综合考虑，以保证实现工程项目"安全经济、技术进步、控制工程造价、提高经济效益"的最终目标。

2.1.1　主厂房的框-排架结构体系

火力发电厂主厂房是电厂中重要组成部分,由于工艺要求的特殊性等方面的因素,大型火电厂主厂房一般具有以下几个特点:结构平面不规则,楼面经常出现大面积开孔、局部楼板缺失等情况;结构纵、横向立面布置不均匀,经常出现局部错层,短柱;荷载种类繁多、荷载大而且分布不均,这些主厂房结构本身具有的不利条件给结构设计、由其抗震设计带来难题。

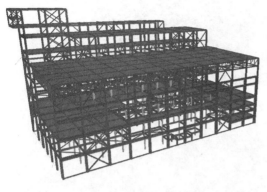

图 4　主厂房(四列式布置)结构计算模型

主厂房主要采用四列式前煤仓方案。该方案汽机房、除氧间、煤仓间、锅炉房顺列布置,汽机房、除氧间、煤仓间形成所谓的"四列式"主厂房框-排架联合结构体系。经过工艺专业设计优化比较,近几年主厂房布置又出现了三列式前煤仓框-排架方案和侧煤仓方案。

三列式前煤仓方案:汽机房、煤仓间、锅炉房顺列布置,汽机房、单跨煤仓间形成所谓的"三列式"主厂房单跨框-排架结构体系。取消除氧间的三列式主厂房布置方式,主厂房体积明显减小,设备布置紧凑,初期建设投资效益是显著的。对于循环流化床锅炉发电机组的厂房更有必要性。但三列式前煤仓运行检修通道及场地相对较小。

侧煤仓方案:煤仓间采用集中侧煤仓,布置在 2 台锅炉之间,与前面的汽机房及除氧间脱开布置,各自形成独立结构。汽机房和除氧间顺列布置,也形成所谓的"三列式"主厂房单跨框-排架结构体系。

2.1.2　主厂房的框-排架结构体系选型

主厂房的框-排架结构体系选型是采用钢结构还是采用钢筋混凝土结构问题一直争议不休。目前投资方力求 600～1000MW 机组主厂房都要采用钢筋混凝土结构,其至在 8°高烈度地震区也有这样的要求,追求降低初期工程的造价。但是,钢筋混凝土框-排架结构主厂房在结构的高度限制和抗震设计构造措施方面,很难满足《建筑抗震设计规范》GB 50011—2010 的有关规定,采用钢筋混凝土单跨框-排架结构出现的问题就更多了,如果生搬硬套某些条款就不能采用钢筋混凝土结构形式,而应采用钢结构形式。

钢结构框-排架体系由于结构延性比混凝土结构的延性好得多,在结构高度限制和抗震设计构造措施方面的要求容易满足。

过去的研究成果和设计经验曾反映在《火力发电厂土建结构设计技术规程》中对于600～1000MW 机组主厂房,在 8°地震区,Ⅱ/Ⅲ/Ⅳ类场地土时,可采用钢结构,在 7°地震区Ⅲ/Ⅳ类场地土时,通过技术经济论证认为经济合理时,可采用钢结构,其他条件下一般采用钢筋混凝土结构。在"大火规"修编讨论中曾提出/Ⅳ类场地土和 8°地震区Ⅰ类场地土,可采用钢结构。

有个别建造在地震基本烈度为 8°,建筑场地类别为Ⅲ类的工程,也采用钢筋混凝土单跨框-排架结构体系,虽然该工程在设计时采取了很多提高安全度的措施,结构复审计算也满足了规范要求，但是技术经济指标已经与钢结构的相当了；一般建议在 8 度Ⅲ类场地新建工程主厂房不宜采用钢筋混凝土单跨框-排架结构体系。

2.1.3 主厂房钢筋混凝土单跨框-排架结构的薄弱环节

火电厂主厂房钢筋混凝土单跨框-排架结构布置和构件截面尺寸选择，主要取决于工艺系统和设备布置，经常出现楼面标高错层、平面布置不规则、纵向不等跨、高度方向布置不规则，与抗震概念设计有较大距离，所以钢筋混凝土框架结构出现一些抗震概念设计方面的先天性薄弱环节。

（1）火电厂主厂房钢筋混凝土框架结构由于结构布置特点，煤斗大梁截面往往比柱截面大得多，存在"强梁弱柱"、"短柱"、"异形节点"的薄弱环节，结构在强震时难以实现"大震不倒"，是严重违背结构抗震设计原则的。"强梁弱柱"结构体系在强震时柱上先出现塑性铰，不能实现"大震不倒"，楼面标高错层造成框架柱出现"短柱"，"短柱"在强震时会出现脆性破坏，引起结构体系倒塌。

楼面上工艺设备的严重不均匀，造成框架同一个节点上的柱与梁的断面差异大，"异形节点"节点的刚域很难准确量化，在强震时会首先出现破坏。

上述薄弱环节是主厂房钢筋混凝土框架结构避免不了的，目前还没有找到明确的解决办法，只是默认了过去的经验和研究成果，过去建成的主厂房钢筋混凝土框架已经经过多种强震的考验是安全的，在工程设计和审核中目前不做深究。

（2）主厂房钢筋混凝土框架结构高度超限。对于 600～1000MW 机组主厂房的煤仓间框架结构高度一般为 50～55m，主厂房钢筋混凝土框架属乙类建筑，按现行国家标准建筑抗震设计规范的规定，可能出现钢筋混凝土框架结构高度超限。但是，规范的条文说明指出：超过表列高度的房屋，应进行专门研究和论证，采取有效的加强措施．在工程设计中，采取怎样的有效加强措施才能保证结构抗震的要求是电力土建探索的重要课题。

（3）平面布置不规则对结构抗震特别不利。供热机组的主厂房，A 列外有披屋时，工程设计中往往单从管道布置经济一些而采用披屋与汽机房连在一起，每一个结构单元的平面严重不规则，在高烈度地震区对结构抗震非常不利。采用主厂房每台机一个结构单元，披屋单独一个结构单元，对结构抗震肯定好一些。

（4）主厂房钢筋混凝土单跨框－排架结构体系。

汶川大地震后，针对震区学校、医院等民用房屋采用单跨钢筋混凝土框架结构体系，在此次强震作用下破坏较多，《建筑抗震设计规范》GB 50011—2010 特别补充了"……高层的框架结构不应采用单跨框架结构，多层框架结构不宜采用单跨框架结构。"在 GB 50011—2010 第 6.1.5 条更加严格控制钢筋混凝土单跨框架结构适用范围的要求。甲、乙类建筑以及高度大于 24m 的丙类建筑，不应采用单跨框架结构，高度不大于 24m 的丙类建筑不宜采用单跨框架结构。

2.2 混凝土结构主厂房抗震性能研究

2.2.1 主厂房抗震性能研究现状

我国是一个地震多发国家，也是世界上遭受地震灾害最为严重的国家之一，因地震造成的直接、间接经济损失难以估计。电力设施在国民经济中有重要作用，在抗震救灾中的作用更为突出，属于生命线工程。主厂房是电力设施的核心，因此主厂房抗震性能的好坏对于降低地震灾害，震区救援和重建具有重要意义。

火力发电厂钢筋混凝土主厂房一般体量较大、布置复杂，荷载种类繁多、荷载大而且分布复杂，因为要满足各专业功能要求，往往导致结构平面、立面不规则，主厂房内部出现大量的错层、开孔及明显的质量偏心等不利因素。在地震作用下，由于在动力特性上的不规则，在大震下容易出现薄弱层；刚心与质心的偏离使得结构出现平扭耦联振型，容易出现由扭转造成的抗侧力构件剪切破坏，进而造成倒塌，这些因素都给主厂房的结构设计提出了新课题。近些年来，国内电力设计行业对主厂房抗震性能进行了一系列研究，包括模型振动台试验、构件和节点的模型试验，取得了一些成果。在原有基础上进行了不断创新，一些先进的分析手段和方法被引入，对钢筋混凝土结构主厂房抗震性能进行了深入研究，尤其是高烈度区钢筋混凝土主厂房的应用，出现了很多结构形式，引入了组合结构、消能减震等新的设计理念[23-43]。

（1）从分析方法来说，抗震分析手段更加先进，传统的弹性设计已不能满足设计需要，设计人员需要更多关注主厂房结构进入塑性阶段的抗震性能，静力、动力弹塑性分析越来越普遍。从分析手段来说，计算模型从基于构件模型，向基于截面模型和基于材料模型发展，但应注意从构件到截面到材料的精细化过程要具备一定的前提条件，例如若实际构件的变形不满足事先假定，则从截面积分得到的构件行为与真实构件行为会发生很大差异，再若构件的剪切变形很多，或者钢筋和混凝土之间的相对滑移很大，那么基于材料的模型很难模拟构件行为。另外，针对混凝土主厂房静力和动力弹塑性分析，很多设计人员进行了相关研究，并取得了一定成果。侧向力推覆模式方面推导出了可以考虑结构楼层质量和刚度改进的侧向力推覆模式；地震波的方面提出了采用的特征周期和前两阶周期点控制的地震波的选择方法，既考虑了场地、震中距的影响，也考虑在结构主要周期点上满足与多遇地震设计反应谱一致。

（2）为克服普通钢筋土的弊端，更多的改进的结构形式被引入主厂房设计中。钢-混凝土组合结构是指由钢构件与混凝土结合而成的一种新的结构类型，它们往往具有单一结构所不具有的结构性能或充分发挥多种结构组合之后的综合性能，组合结构往往可有效地发挥钢构件、钢与混凝土组合构件及钢筋混凝土构件各自的优点，使整体结构的侧向刚度比钢结构显著增加、用钢量减少、造价降低，还可以解决采用钢筋混凝土结构所遇到的超高问题。很多电力设计单位进行了这方面尝试，取得了一定成果，归纳起来在主厂房设计中主要应用包括钢骨混凝土结构，钢筋混凝土＋横向钢支撑结构，钢-混组合楼板结构等。

（3）消能减震技术越来越多地被引入主厂房设计中。传统的钢筋混凝土主厂房抗震设计思路以抵抗为主，试图通过一些钢筋混凝土构件的弹塑性变形来耗损部件由地震地面运动激励引起的结构振动的动能。

消能装置一般具有如下特点：①结构的非承重构件；②具有刚度可变的特性；③能为结构提供很大的阻尼，大量消耗输入结构的能量。目前阶段很多设计院进行了这方面的研究，比如将在高位布置的煤斗支座设置成耗能支座，以减小煤斗高位布置所带来的抗震不利因素；将传统的钢支撑改为屈曲约束支撑，在提供足够抗侧刚度的同时，能克服普通支撑的受压屈曲承载力远小于受拉屈服承载力的问题，进入塑性阶段后还能提供稳定可靠的耗能能力。

（4）在混凝土主厂房设计中尝试运用抗震性能化设计方法。抗震性能化设计就是根据工程的具体情况，确定合理的抗震性能目标，采取恰当的计算和抗震措施，实现抗震性能目标的要求。它的特点是：使抗震设计从宏观定性的目标向具体量化的多重目标过渡，并由业主参与选择性能目标，对结构的抗震性能水准进行深入的分析。抗震性能化设计可以针对整个结构，也可以对某些部位或关键构件，灵活运用各种措施达到预期的性能目标-即提高抗震安全性或满足使用功能的专门要求，抗震性能化设计具有很强的针对性和灵活性，是结构抗震设计的未来的发展趋势。目前国内对于主厂房性能化设计方面研究刚刚起步，对各方面的研究尚处于探讨阶段。

2.2.2 静力弹塑性分析法（Pushover）在主厂房抗震分析中的应用

随着基于性能的抗震设计方法的出现，用于预估建筑结构抗震能力的非线性分析方法得到越来越广泛的应用。在这种情况下，一种简化的弹塑性分析方法－静力弹塑性分析方法（Pushover Analysis）被提出来。Pushover 最早由美国学者 Freeman 等人在 1975 年提出，在当时没有引起重视，随着 20 世纪 90 年代基于性能抗震设计理念的产生，各国学者和工程界认识到了该方法的应用价值，纷纷开展这方面的研究，并取得了较大进展。不少国家的抗震设计规范和指南，如美国应用技术委员会的 ATC-40、美国联邦紧急救援署的 FEMA273、274、356，日本也将其列为评估建筑物抗震性能的方法，我国的《建筑抗震设计规范》GB 50011—2010 已将该方法列入验算结构在罕遇地震下弹塑性变形的方法之一。

火力发电厂由于工艺要求的特殊性等方面的因素，大型火电厂主厂房一般具有以下几个特点：结构平面不规则，楼面经常出现大面积开孔、局部楼板缺失等情况；结构纵、横向立面布置不均匀，经常出现局部错层，短柱；荷载种类繁多、荷载大而且分布不均。这些主厂房结构本身具有的不利条件给抗震设计带来难题。而 Pushover 方法作为一种简化的弹塑性分析方法，所采用的水平侧向荷载分布模式应能代表作用于结构上地震惯性力分布特点，该侧向荷载分布模式应与结构的侧移变形模式相关，不同的侧向荷载模式对分析结果有直接影响。

静力弹塑性分析（Pushover）方法也称为推覆法，它是沿结构高度施加按一定形式分布的模拟地震作用的等效侧力，并从小到大逐步增加侧力的强度，使结构由弹性工作状态进入弹塑性工作状态，最终达到并超过规定的弹塑性位移。静力弹塑性分析方法是基于性能/位移设计理论的一种等效静力弹塑性近似计算方法，该方法弥补了传统的基于承载力设计方法无法估计结构进入塑性阶段的缺陷，在计算结果相对准确的基础上，改善了动力时程分析方法技术复杂、计算工作量大、处理结果繁琐，又受地震波的不确定性、轴力和弯矩的屈服关系等因素影响的情况，能够非常简捷地求出结构非弹性效应、局部破坏机制、和整体倒塌的形成方式，便于进一步对旧建筑的抗震鉴定和加固，对新建筑的抗震性能评估以及设计方案进行修正等。Pushover 法以其概念明确、计算简单、能够图形化表达结构的抗震需求和性能等特点，正逐渐受到研究和设计人员的重视和推广，近年来在火力发电厂主厂房的抗震设计中得到了广泛应用。

2.2.3 主厂房结构在未来的发展研究趋势

根据目前研究进展，可以预计混凝土结构主厂房在未来发展研究趋势主要集中在以下几个方面。

（1）静力、动力弹塑性分析将普遍应用到主厂房分析、设计中。分析精度方面，从基于构件模型层面的受力－位移本构模型将发展到基于材料纤维细分模型，但要注意构件失稳、剪切破坏、钢筋与混凝土间的粘结滑移等因素对这种精细化分析的影响。如果不注意应用的前提条件，得到的分析结果与实际情况相差很大。

此外，对于主厂房这种不规则结构，静力弹塑性分析的侧向力推覆模式，动力弹塑性分析的地震波的选取等将得到更多研究，单一的推覆模式和地震波得到的结果往往可信度不高，造成结果失真，需要多种方法进行相互校验。

（2）针对目前组合结构设计过程中不合理的地方，更多研究将关注设计原则和方法，包括钢骨混凝土，钢筋混凝土＋横向钢支撑，具体表现在对于组合构件层面的力-位移关系，异形钢支撑设计方法。由于工程造价以及施工难度和施工周期等方面的原因，主体结构完全采用钢骨结构仍不现实。工程实践中可以尝试在结构的关键部位采取钢骨组合结构而其他结构构件仍为钢筋混凝土结构的办法，这样既提高了关键部位的结构性能，又不会显著增加结构的造价和施工周期，以较低的造价投入实现了优越的结构性能，因而在钢筋混凝土主厂房设计中具有广阔的应用前景。

（3）消能减震技术引入主厂房设计中以后，如何确定结构各层所需的消能支撑参数，即消能支撑的初始刚度和消能支撑开始进入耗能状态时的初始位移和初始荷载，如何在设计框架整体结构时考虑消能支撑的作用将成为下一阶段研究的重点。屈曲约束支撑，煤斗隔震支座，基础隔震。

（4）性能化设计在主厂房中的应用还处于探索阶段，应逐步解决性能化设计中存在的问题。性能化设计的推广与业主需求紧密相关，基于性能的抗震设计理论和方法已纳入抗震规范中，但其思想以定性为主，设防目标不具体，因此首先要做的就是细化抗震设防性能目标，为业主提供可量化的具体目标，而不仅仅是定性的"可修"和"不倒"，该性能目标可以针对整个结构，也可以针对结构的关键部位和关键构件。与此同时，不同抗震性能目标下的造价比较将被重视，因为不同的抗震性能目标，不同的性能化设计范围意味着不同的工程投资造价，设计人员应为业主在抗震性能目标和投资造价之间找到满意的平衡点。

3. 大型汽轮发电机基础设计技术

3.1 大型汽轮发电机基础简介

随着生产力发展水平的提高，汽轮发电机组的容量日益向大型化及超大型化发展，作为发电厂最重要也最昂贵的汽轮发电机组运行载体的汽机基础，其结构形式也较以往机型发生了巨大变化。目前，国内 600MW 和 1000MW 汽轮发电机组已成为发电厂的主力机组，而且经过近几年的发展，我国已完全掌握了 1000MW 汽轮发电机组基础的设计技术。在常规岛核电技术设计方面，我国已引进并消化吸收了 AP1000 核电半速机组基础的设计技术，目前正依托国家科技重大专题开展"CAP1400 常规岛关键设计技术研究"，目的是在消化吸收 AP1000 核电技术的基础上，通过再创新，形成具有自主知识产权的大型核电项目。

汽轮发电机组设备制造技术来自美国、日本和欧洲不同国家，机型各异。这就给我国已发展起来的汽轮发电机（以下简称"汽机"）基础设计提出了更高的要求。通过我国广大电力土建设计工作者的不懈努力，大型汽机基础的设计技术满足了我国电力建设发展的需要，设计研究成果集中体现在国家标准《动力机器基础设计规范》GB 50040—96 上，同时也应该看到，还有些课题需要进行更高层次的理论和实践研究。

目前，针对大型汽轮发电机基础动力特性研究工作主要包括汽机基础的动力特性优化研究、动扰力作用下的强迫振动响应研究、大型汽机基础弹簧隔振研究、汽机基础抗震性能研究等 4 方面内容。经过近几十年的发展，结合汽机基础的模型试验和先进的仿真技术手段，国内相关研究机构开展了多种类型的汽机基础动力特性研究工作，并取得了丰硕成果。到目前为止，我国已经掌握了 1000MW 及以下容量机组基础的动力特性优化和强迫振动响应等关键技术，能保障汽机基础的设计在具有良好动力特性的同时具有经济的造价，使用的混凝土用量最少。同时提出了汽机基础的设计原则，即：汽机基础必须拥有良好的动力性能，使设计的基础在动力荷载持续作用下的振幅较小；其二是汽机基础要具有良好的刚度条件，以保证机器的正常运行；其三，汽机基础必须拥有足够的强度、稳定性以及耐久性，基础要能承受各种可能出现的荷载，主要包括恒荷载、动力荷载、安装荷载以及特殊荷载等；其四，机器的振动不影响周围建筑物、构筑物或者仪器设备的安全使用；最后，针对不同类型机组基础，提出了底板、柱子和顶板的选型原则，在保证基础优良动力特性的同时，还应该使设计的基础造价低廉。相关研究成果已应用于具体工程，通过对汽机基础的实测，进一步验证了研究成果在工程应用上的可靠性和安全性，大力支撑了我国电力事业的发展。

某百万等级上汽/西门子机型汽轮发电机基础有限元模型，基础由台板，柱和中间平台组成，中间平台为隔震平台，通过弹簧隔振器与柱相连。台板及柱采用 SAP2000 杆件单元建立，中间平台采用 ANSYS 杆件与壳单元建立。台板及柱网有限元模型如图 5 和图 6 所示。

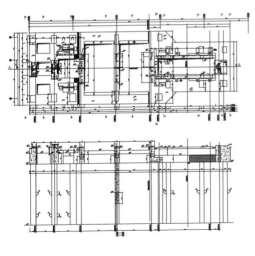

图 5　汽机基础平面剖面图　　　　　　　图 6　汽机基础有限元分析模型

通过建立空间有限元模型，采用提出的振动分析动参数和衡量标准，分析了汽轮发电机基础的振动特性，经计算振动线位移均满足要求，为汽轮发电机稳定运行提供了可靠的保证。

3.2 汽机基础的结构选型、基础设计的现状

我国于 1979 年颁布了第一本国家标准《动力机器基础设计规范》GBJ 40—79[2]，于 1996 年通过修订，进一步完善了有关条文，完成了修订版《动力机器基础设计规范》GB 50040—96（以下简称"动规"）。

"动规"总结了我国广泛的工程实践经验，通过深入研究计算分析，对汽机基础选型明确提出：顶板应有足够的质量和刚度，在满足强度和稳定性要求的前提下宜适当减小柱的刚度，结合地基刚度综合分析，确保底板有一定的刚度，可以称之为"大、柔、刚"选型原则。国产机组的汽机基础遵照上述选型原则，建成后经过机组长期运行的检验，基础具有良好的动力特性，同时在工艺布置、设备安装、土建施工、节省投资方面亦具明显优势。但国产引进型机组，在基础选型上遇到了新的情况。在我国发电设备每出现一种新机型，单机容量提升一个等级，往往是以引进国外机组设备制造技术为先导，这种国产机组通常称为引进型机组。由于未同时引进国外汽机基础的设计技术，在进行汽机基础设计时，只能在限定的基础外形及根据所提供的荷载资料，按照我国的"动规"进行动力分析，控制基础构件的振幅在允许振幅值以内，汽机基础设计始终处于被动局面，根本谈不上通过汽机基础的优化选型、以改善基础的动力特性。我国在 20 世纪 80 年代开始，从美国西屋公司引进了 300MW、600MW、1000MW 汽轮发电机制造技术，同时引进了西屋公司的汽机基础的型式和外形尺寸，西屋公司的汽机基础的选型与我国"动规"规定的选型原则存在很大差异，形成了在我国各种不同风格、外形相差悬殊的汽机基础共存的局面。近年来引进的 1000MW 汽轮发电机制造技术分别来自日本和欧洲多家公司，汽机基础差异同样悬殊。

3.3 大型汽轮发电机基础设计技术发展趋势

我国在汽机基础设计方面取得了很大发展，但这一课题在一些方面还需要进一步研究。电力工业的迅速发展给动力机器基础设计技术的发展提供了很好的机遇，这就要求我们在更高层次上进行汽机基础设计领域的前沿课题研究工作。

3.3.1 轴系与基础的联合动力分析

鉴于对机器与基础整体振动特性的认识，国内一直十分重视对已经投入运行的各种汽机组和基础的振动实测，得到了各类机组和基础在启动时的频率振幅曲线。大量实测资料表明，在开、停机过程中，当通过轴系临界转速时，基础结构各点的振幅值普遍地大幅度增加，在频率振幅曲线上出现明显峰值。由此可看出，将基础隔离出来，单独对基础进行动力分析，计算出的共振峰值实际是不存在的，而客观存在的轴系临界转速峰值在计算频率曲线中却又未得到反映。要真实地反映客观情况，建立在更接近实际的力学模型的基础上的轴系与基础联合动力分析方法，其计算结果比较符合振动实测的一般规律，理论上比现行方法更为合理。要促进"联合动力分析"直接应用于工程，应从下述两个方面进一步研究：

（1）机器与基础联合动力分析的课题，属于边缘学科，涉及转子动力学和结构动力学两个学科，分属机械制造厂和基础设计两个部门。

制造厂也认识到应把机器与基础作为一个整体来研究，但并没有开展实质性的工作，因此，当前十分需要双方在一起就此课题深入讨论，共同推动"联合动力分析"向前发展。有了比较符合实际的联合动力分析的计算模型，双方可进而从保证机器长期安全运行出发，跳出单纯控制某点振幅的做法，探讨机器与基础动力特性的鉴定标准，也许可得出新的概念。

（2）进一步完善计算模型。在联合动力分析模型中，如何考虑机壳的刚度，特别是考虑发电机定子的作用，尽量缩小理论计算与客观实际的差异；采用联合动力分析的计算模型，其激振力就是轴系残余不平衡量所引起的离心力，而轴系残余不平衡量的大小和位置是随机分布的，对此，在计算模型中如何考虑；联合动力分析计算模型要考虑由钢材和混凝土结构两种材料构成的体系，涉及到如何考虑两种材料的阻尼计算模式和取值问题。这些都有待于做进一步的工作，采取更完善的计算模型，使计算频率振幅曲线能与实测频率振幅曲线更加逼近。

把机组轴系与基础的联合动力分析、汽机基础动力优化确定为汽机基础动力特性研究的前沿课题，主要考虑这两个课题研究将能揭示汽机基础振动的特征、内在规律。通过这两个课题研究，期望能提出一个符合实际情况、更为简便的设计方法。

3.3.2　汽轮发电机基础动力特性的优化

针对基础形式选定和动力特性最佳的课题进行了大量的研究工作，取得不少成果，但从国际现状来看，客观存在的汽机基础形式，相差悬殊，这就要求在更高层次上进行课题的研究工作。

上世纪 80 年代末开始，相关单位利用现代科学技术的成果，合作进行"汽机基础动力特性的优化研究"。目的是探讨汽机基础的最优形式，以保证汽机组的最优运转。优化目标是基础振幅和基础重量；优化变量是基础杆件的截面面积和杆件的坐标；优化的效果取决于灵敏度计算（灵敏度是指结构响应量对设计变量的梯度）。比较好地解决了难度较大的动力优化灵敏度计算；编制了汽机基础动力优化分析程序；对 300MW 的各种类型的基础进行优化分析。优化分析结果是：国产引进型基础控制点最大振幅下降 30％～36％，基础总重量下降 36％～44％；国产机组基础刚度较柔，优化分析结果是：控制点最大振幅基本不变，而基础总重量可下降 20％，优化分析后都可取得多目标优化的效果。通过大量试算、综合研究分析，验证了"动规"提出的选型原则是合适的，同时提供了量化的有力手段。但研究工作有待进一步深化，其计算模型需不断完善，优化算法的有效性和优化效率需进一步提高，优化变量及约束条件要更接近实际工程情况，吸收轴系与基础联合动力分析的成果，进一步探讨优化目标的选取问题。

3.3.3　汽轮发电机弹簧隔振基础与主厂房结构联合布置的研究

汽机弹簧基础由于具有动力性能好、维护性好、利于机组长期运行等突出优点，目前逐步得到国内各大发电集团的认可，在国内火力发电机组特别是核电机组的应用日益增多。国内多家电力设计院通过引进技术合作设计发展到自主设计，基本掌握了汽机弹簧隔振基础的设计方法。中国电力工程顾问集团编制了相关设计指南，在获得更多的工程实例后将进一步升级为设计导则。

结合工程进行的"在高烈度地区应用汽机弹簧基础的试验研究"，进一步提高了对汽机弹簧基础抗震性能的认识：即采用汽机弹簧隔振基础可以大幅度提高汽机组的抗震性能。对比分析表明，在水平地震作用下，弹簧基础比常规基础的地震作用减少一半左右，特别是有效降低了汽轮发电机组设备在地震作用下的水平和竖向加速度，有利于保证设备的安全。

美国 GE、Westinghouse 与日本 Mitsubishi、Toshiba 和 Hitachi 等厂家机组通常采用大质量基础，用大质量来抑制振动。在 2007 年 7 月 16 日日本 Niigata 市 Kashiwazaki-Kariwa 核电站的 7 台美国 Westinghouse 汽轮发电机组遭受地震损坏。核电站 7 号机组地面测量到的水平加速度峰值为 0.356g，汽轮发电机组轴承部位测量到的响应加速度超过 1.0g。这个响应加速度超过了汽轮机制造厂轴承强度设计值的一倍以上，从而破坏了汽轮发电机组。汽轮机属于高位布置，地震响应存在放大效应，基础刚度越大，放大倍率越大。刚性基础的放大倍率一般为 2.5～4.0，而弹簧基础的放大倍率只有 0.8～1.2。由此，美国 Westinghouse 公司改变了汽轮发电机组基础设计的理念，对今后在美国建设的 AP1000 核电站的汽轮发电机组，均采用弹簧隔振基础。这一实例也说明了弹簧隔振基础抗震性能的优越性。

当汽机基础为常规的基础型式时，主厂房只能采取传统的布置，汽机基础构成独立的汽机岛结构，这大大削弱了主厂房纵、横向的结构刚度，成为很不规则的结构，无法满足《抗震规范》抗震概念设计的要求。如何保证主厂房结构在地震作用下的安全问题一直困扰着土建结构设计者。在采用汽机弹簧隔振基础后，基础台板以下的框架动力响应几乎可以忽略不计，可以等同于静力结构。基础框架可以与主厂房结构联合布置，连为一体，这极大增加了主厂房结构的刚度，大大提高了主厂房结构的抗震性能。汽机弹簧隔振基础与主厂房结构联合布置方案在国外已有高烈度区（十度）的工程实例，汽机弹簧基础与主厂房结构联合布置方案的研究，将是从根本上提高主厂房结构抗震性能的十分有意义的课题。

4. 贮煤场结构设计关键技术

4.1 贮煤场结构类型

随着火力发电厂锅炉机组和规模向高参数、大容量发展，为确保电厂运行安全，要求储煤量越来越大，对煤场自动化作业水平提出了更高的要求，国内的环保意识和环保要求也日益提高，煤场需减少粉尘对周围环境的不利影响。同时煤场也需解决在暴雨、大风等恶劣天气情况下的储煤场安全运行问题。

节约耕地是我国的基本国策之一，电厂建设需尽量节省土地，不占或少占耕地。火电厂常用的条形煤场占地面积约为总用地的 25% 左右，因此减少煤场面积是节约火电厂占地面积的一个重要途径，其最有效措施是提高堆煤高度及煤场的利用率。

因此，在环保和节约用地的双重要求下，更多的大型火力发电厂或储煤基地将选用封闭条形煤场、贮煤筒仓和圆形煤场结构作为储煤设施。

4.1.1 封闭条形煤场

随着环保要求的不断提高，火力发电厂传统的敞开式煤场已经满足不了日益严苛的防尘防风要求，因此在建和改建的煤场中经过技术经济比较，很多均采用大跨度条形煤场，见图7。

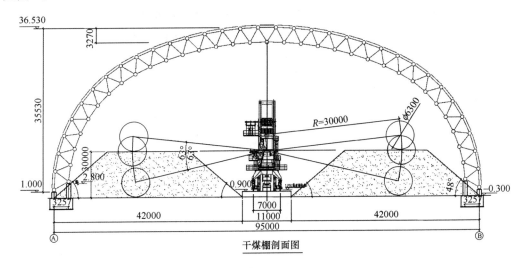

图7 条形煤场结构

大跨度条形煤场结构一般采用空间大跨度钢网架，钢门架和钢拱架结构，经过详细的技术经济比较后确定方案。钢结构下设钢筋混凝土挡煤墙，基础。一般由风洞试验确定其体型系数和风振系数。

4.1.2 贮煤筒仓

随着贮煤量和环保要求提高，大型贮煤筒仓可以算是全封闭，它的研究和应用越来越多。大型筒仓筒壁的结构形式大致分为两种：预应力钢筋混凝土结构和钢结构。

大型筒式煤仓工艺系统按顶部皮带进料和底部叶轮给煤机出料考虑，见图8和图9。贮煤筒仓结构包括基础（环基和底板）、输煤廊道、筒壁和屋盖。其中，环基与筒壁连接，筒壁的荷载通过环基作用在地基上，输煤廊道布置在底板上，将堆煤荷载通过底板传递给地基。

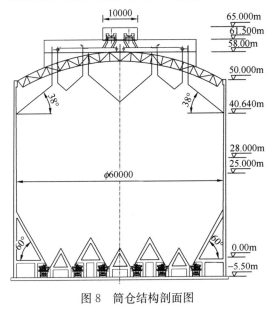

图8 筒仓结构剖面图

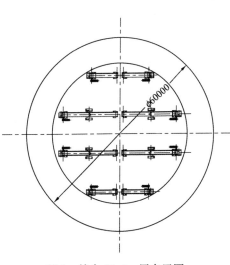

图9 筒仓58.0m层布置图

4.1.3 圆形煤场

圆形煤场结构主要由挡煤墙结构、大跨度空间钢网架屋盖及环形条基组成。燃煤由转运站经进仓栈桥送入到煤场贮存，再由煤场内的输煤地道送出到相应的转运站，煤场结构及布置断面参见图10和图11。

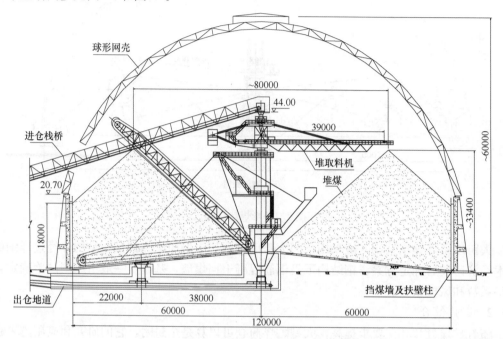

图 10 圆形煤场断面图（悬臂式堆取料机）

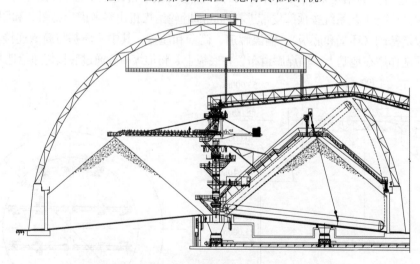

图 11 圆形煤场断面图（门架式堆取料机）

挡煤墙结构通常有两种结构型式：分离式挡煤墙结构和整体式挡煤墙结构（钢筋混凝土挡煤墙结构和预应力钢筋混凝土挡煤墙结构），各自主要特点如下。

分离式挡煤墙结构：主要包括挡煤墙、扶壁柱和环形基础。挡煤墙在每个扶壁柱处设缝断开，两侧简支于扶壁柱上，下端固支于环形基础上。扶壁柱为一悬臂结构，下端固支

126

于环形基础上，上端支承大跨度空间钢网架，环形基础为一整体结构。该种结构型式受力明确，可简化为平面结构进行受力分析。

整体式挡煤墙结构：主要包括挡煤墙和环形基础，不设扶壁柱。挡煤墙为一整体圆形筒体结构或带壁柱的整体圆形筒体结构，下端固支于环形基础上，上端局部设置混凝土柱以支承大跨度空间钢网架，环形基础为一整体结构。该种结构型式受力复杂，应按空间整体受力采用空间程序整体计算分析，并应考虑温度作用对结构的影响。

4.1.4 球形煤场结构

某工程 2 座 6 万 t/座储煤球仓，采用 DOME 公司球型钢筋混凝土壳体结构，该结构形式适合环保要求高的城市及地区、沿海区域。对建设场地地质条件适应性强（地质条件较差），建设用地少。储存量大，填充率高，结构空间能有效利用。仓体密闭性好（储料污染粉尘大）。对于多暴雨、强台风、高地震发生地区，存储物料要求保持干燥和隔离状态的地区更显优点和必要。

图 12 球形煤场

该结构形式适于建造弧度、弦高大的建（构）筑物，施工时无须传统方法的脚手架及模板，施工周期短、简便，施工技术优势明显。

4.2 贮煤场结构的发展趋势和研究方向

在环保、节约用地的双重要求下，更多的大型火力发电厂或储煤基地将选用筒式煤仓、圆形煤场和球形煤场作为储煤设施。

4.2.1 大型筒式煤仓

近年来，在筒仓结构型式、温度应力、抗震分析、稳定性研究以及钢筒仓研究方面取得了较大的进展，在筒仓储料压力的公式推导和试验方面也进行了大量工作，但对于筒仓内贮煤的特性研究较少，对于煤压力与筒仓内径、高度的关系研究较少。

大型筒式煤仓的土建费用约占总费用的八成，而堆煤荷载是筒仓结构设计的主要控制荷载。目前，堆煤荷载取值一般参照《钢筋混凝土筒仓设计规范》GB 50077—2003 和《钢筒仓技术规范》GB 50884—2013 选取，建议对大型贮煤筒仓的堆煤荷载进行专门研究。

由于贮煤自重压力作用，筒仓下部煤会被压实而引起密度增大。对于中小型储煤筒仓，密度变化较小，不考虑密度的变化造成的影响较小，但对于堆煤高度较大的大型筒仓，从上到下煤密度会有较大的变化，进行大型筒仓设计时应考虑这一因素对储料压力的影响。

根据调研，目前大型钢结构筒仓在水泥、粮仓等行业中有应用实例，运行良好，具有施工简单、工期较短、经济性较高等优点。然而电力及煤炭行业还没有钢结构筒式储煤仓的应用实例，也无规范可以遵循，大型钢结构筒仓的应用可作为以后的研究方向。

4.2.2 圆形煤场结构

4.2.2.1 圆形煤场结构选型

圆形煤场结构在火力发电厂中应用实例较多，根据收集到的 29 个圆形煤场结构数据可知：其中，6个采用分离式挡煤墙，22个采用整体式挡煤墙，1个采用预应力整体式挡煤墙；挡煤墙处堆煤高度最低为11m，最高为20.5m；煤场有效直径最小为90m，最大为120m；挡煤墙地基主要采用桩基，堆煤区采用复合地基，个别工程地质条件较好且为岩石地基的，挡煤墙和堆煤区均采用天然地基。

4.2.2.2 圆形煤场结构荷载作用

全封闭混凝土储煤仓结构设计需要考虑的荷载除常规的自重、设备荷载等荷载之外，尤其重要的是堆煤产生的压力荷载以及各种温度作用。

堆煤产生的压力荷载可按《钢筋混凝土筒仓设计规范》GB 50077—2003中4.2节及附录C的规定进行计算，也可按试验数值取值。在堆煤侧压力的作用下，整体式仓壁中会形成环向的受拉效应。

温度作用包括季节温差和内外壁温差。季节温差考虑的是混凝土结构合拢时的温度与使用过程中的环境温度之间的差值，此项温差会引起结构的整体温升或温降，进而形成仓壁的整体受压或受拉状态；内外壁温差考虑的是仓内堆煤一定时间后内壁温度升高，与外壁的环境温度形成差值，此项温差会引起仓壁厚度范围内的弯矩效应。

4.2.2.3 圆形煤场结构的裂缝控制

堆煤荷载、季节温降及内外壁温差均会导致仓壁结构中的受拉状态，一方面能充分利用仓壁内钢筋的受拉性能，另一方面也会带来混凝土的裂缝问题。

从全封闭储煤仓的广泛应用出发，通过对比国内外规范对裂缝控制的不同要求，再以圆形煤场为例进行分析计算，得出以下结论供设计人员参考：

（1）由于整体式全封闭混凝土储煤仓的结构及荷载特殊性，裂缝控制是设计中需要考虑的一项重要因素。

（2）国内外规范对于混凝土的最大裂缝宽度控制要求有所区别，单从控制数值而言，国内规范控制较严。这里需要指出两点，一是国内规范在最近的修订中已通过将裂缝验算时所采用的标准组合改为准永久组合，大大改善了因裂缝控制而带来的设计困难；二是国内外规范在体系上有一定的差异，需要进行进一步的研究以确定是否确实存在国内规范控制过严的情况。

（3）若按现行国内规范控制裂缝宽度，会出现结构配筋由裂缝宽度验算控制的情况，并且当外部条件较差时，甚至会出现钢筋排布上的困难。若有足够依据放松对最大裂缝宽度的限制，则会形成承载能力极限状态和正常使用极限状态之间的良好平衡，达到设计最佳状态。

（4）在现行国内规范条件下，亦可考虑采取其他构造措施或防护手段以减轻裂缝宽度过大对结构耐久性的影响。

5. 烟囱结构及其脱硫防腐工程关键技术

5.1 烟囱结构类型

烟囱作为火力发电厂一个重要的组成部分，具有功能和外观双重意义。在满足工业要求的前提下，除传统的钢筋混凝土圆形烟囱外，近几年的工程中还采用多管钢结构烟囱和扁圆新型混凝土烟囱；充分展示几何美与后工业时代建筑技术的工艺，打破传统烟囱规则的圆形，而引入了更多的几何形式，力求描述、创造和表达不同形式的曲线，从而获得更多的视觉角度与设计形式上的演进，目的是为了创造"不同"。本工程烟囱在建筑设计上做了大胆的突破，与常规烟囱相比具有良好的美观效果。

图13分别为传统圆形烟囱（华能福州电厂为了配合奥运会而涂刷的祥云）、中电投上海漕泾电厂的变截面烟囱以及华能江苏金陵电厂的多管式钢烟囱。

图13　各种烟囱实景图

5.2　烟囱（包括新型烟囱）设计须研究的课题

5.2.1　数值风洞工程分析

（1）风荷载体型系数

对于一般结构抗风设计，通常可由相关规范得到有关风荷载的信息。但《建筑结构荷载规范》规定：对于重要且体型复杂的房屋和构筑物，应由风洞试验确定，新形烟囱就属于此类建筑范围。随着空气动力学理论的计算风工程发展，以此为基础的数值风洞得到广泛的应用，所以采用数值风洞仿真模拟确定烟囱风荷载体型系数。

（2）风荷载风振系数

现有规范公式只适用于一般悬臂结构，即重量、外形尺寸沿高度方向均匀变化的结构，显然新型烟囱不适合规范采用的风振系数公式。

为了保证和国家规范在基本理论上的一致性，一般沿用了现行国家规范采用的风振系数定义式和脉动风模型进行分析。

（3）钢材、钢筋混凝土烟囱材料性能取值

（4）烟囱在风和地震等作用下的效应计算分析

附加弯矩计算方法、径向局部风压下烟囱筒壁环向弯矩计算、筒身极限承载能力计算和正常使用极限状态计算，对如正常使用极限状态下的计算公式（裂缝宽度计算及控制等）等方面给出调整建议。

（5）烟囱截面设计计算

如对洞口局部强度计算等进行分析建议。烟道口削弱造成的竖向刚度突变。

（6）对罕遇地震下抗倒塌验算

5.2.2　脱硫湿烟囱防腐方案

5.2.2.1　新建湿烟囱排烟筒的防腐方案

近年电力行业由于脱硫工艺的影响，排放的烟气温度低成分复杂，对烟囱内筒的材料选择是一个严峻的考验。新设计的湿烟囱排烟筒的防腐一般采用以下方案：

湿烟囱排烟筒防腐一般方案 表 1

1	整体浇注料内衬（厚 120～220mm）	耐高温和交替温变，强度高，整体性和耐磨性好。造价低	用于设有 GGH 的锥形单筒烟囱。取消 GGH 时，需要加玻璃钢和硅胶防水层形成复合防腐层
2	Henkel 泡沫玻璃砖防腐内衬	烟温≤90℃，整体性和耐磨性较差。粘贴量大，质量不易控制	
3	钛钢复合板排烟筒	耐高温和交替温变。焊缝长度大，质量不易控制。焊缝存在上下通缝的隐患。造价高	用于套筒和多管烟囱的排烟筒
4	整体缠绕玻璃钢排烟筒	防腐性能好。烟温宜≤90℃，需要一定的工期安排	

5.2.2.2 旧烟囱排烟筒的防腐改造工程

钢筋混凝土旧烟囱比较多的是耐酸砖砌体内衬（或单层整体浇注料）的单筒锥形烟囱，大部分是 2004 年以前建造的。还有一部分是钢内筒（或复合钛板）的套筒烟囱，钢内筒内侧粘贴泡沫玻璃砖，这一类烟囱是在 2000 年以后建造的。同时还有一些是泡沫陶瓷砖砌筑内筒的砖套筒烟囱，一般是在设置 GGH 情况下选用的，现在取消 GGH 后形成湿烟囱，原砌体内筒必须进行防腐改造。

目前需要防腐改造的旧烟囱（已经运行的）类型 表 2

1	单筒锥形烟囱	内筒	耐酸砖砌体内衬或单层整体浇注料
2	套筒和多管烟囱	耐酸钢内筒	粘贴泡沫玻璃砖
3		泡沫陶瓷玻化砖砌筑内筒	抹耐酸砂浆或胶泥

湿法脱硫湿烟囱防腐改造应对方案选择和构造设计方面做综合考虑，涉及造价、工期、材料、施工、监理等很多因素：

（1）单机容量在 300MW 以上机组，对电网有较大影响，且改造后烟囱运行时间较长的烟囱进行防腐改造时，应定出合理的造价标准和施工工期，以保证防腐质量。

（2）合理选择能够满足湿法脱硫烟囱防腐的材料。根据不同工况，选择不同的防腐材料，如有旁路烟道或短期排放高温事故烟气，就要选用耐酸整体浇注料复合防腐或钛合金复合钢板内衬。

（3）考虑材料复合搭配的多层防腐。不少防腐防渗性能好的薄膜材料不容易在内衬上贴牢，综合防腐性能好的整体缠绕 FRP 筒体又进不了烟囱钢筋混凝土外筒，整体耐酸浇注料可以结构自立但防渗性能不足。选择其中单一一种防腐层就会有缺陷。防腐、耐热、防渗漏几项功能材料搭配的复合防腐体系有优势。把整体耐酸耐温浇注料和防水耐酸的玻璃钢板，及防腐防渗性能好的胶料复合起来，用大块整体浇注料保护耐温性能差的玻璃钢板和胶料，效果就好多了。

（4）细化温度伸缩缝处防渗漏措施，烟囱内衬改造中温度伸缩缝处的防渗漏措施要得当。

（5）细化烟道与烟囱接口防渗漏构造设计措施，烟囱防腐中应重视细部构造设计。有时细部构造设计的缺陷，可能导致整个烟囱防腐的失败。

（6）增加对烟囱的定期检测、维护、检修的要求。施工场地安排及对防腐隐蔽工程施工管理应落实全程旁站监理。能否杜绝偷工减料和粗制滥造也是关键。

6. 大型冷却塔设计关键技术

6.1 自然通风冷却塔结构组成及结构型式

自然通风冷却塔是靠塔内外的空气密度差造成的通风抽力形成的空气对流作用进行通风的冷却塔。按冷却工艺方式不同，分为湿式冷却塔和间接空冷塔两大类。

自然通风冷却塔塔体结构由作为主体结构的风筒、支撑风筒的下部支柱及基础组成，其中下部支柱作为风冷却塔通风的进风口。湿式冷却塔还包括一些塔内结构，主要由配水槽、支撑水槽和淋水装置的支架及集水池组成，间接空冷塔通常没有塔内结构。

双曲线型钢筋混凝土薄壳结构是自然通风冷却塔风筒最常采用的结构型式，几乎是国内唯一采用的一种结构型式，近年来钢架镶板结构（钢结构冷却塔）在间接空冷塔风筒设计中逐渐开始得到应用。双曲线型自然通风冷却塔风筒壳体形状为单叶双曲抛物线为母线的任意旋转壳体，母线是由两个双曲抛物线构成的，这两个曲线在喉部位置连接在一起，在这一点两个双曲抛物线的斜度及曲率完全相同。风筒壳体的厚度沿高度变化，常有指数型变化或分段等厚变化两种变化形式。

钢筋混凝土支柱型式有"人"字型、"X"字型和"1"字型三种，人字柱截面常用圆形，X柱和"1"字柱的截面常用矩形。风筒的基础常采用钢筋混凝土环板基础。

6.2 双曲线型自然通风冷却塔结构计算

双曲线型自然通风冷却塔是空间旋转薄壳结构，其主要结构构件为钢筋混凝土双曲线旋转薄壳通风筒、塔筒支柱和基础。冷却塔筒壁可视为各向同性的线弹性均质壳体结构。从体型上看，双曲冷却塔塔体即双曲线型旋转薄壳通风筒高度高、体型大，属于高耸结构。下部的支柱是通风筒的离散支撑结构，主要承受塔的自重和风载。基础主要承受支柱传递过来的全部载荷。

双曲线型冷却塔结构设计主要考虑的荷载有：结构自重、风荷载、温度作用、地震作用、施工荷载、地基不均匀沉降等。在双曲冷却塔的各个部分中，双曲线型筒壁是其主体结构，其所具有的圆形截面使得它对风荷载十分敏感。因此，风荷载是双曲冷却塔结构设计的最主要荷载。

双曲线型钢筋混凝土冷却塔塔体结构主

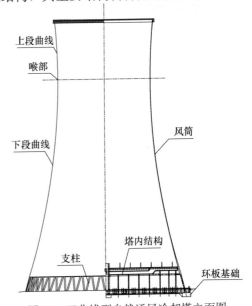

上段曲线

喉部

下段曲线

风筒

塔内结构

支柱

环板基础

图 14 双曲线型自然通风冷却塔立面图

要计算内容有塔筒壳体整体稳定和局部稳定计算，塔筒壳体、支柱、环形基础的强度计算，地基承载力和变形计算。

双曲线型冷却塔塔体属于高耸的薄壁空间结构，结构计算需采用塔筒、支柱、环基和地基的一体化有限元模型分析计算。结构有限元建模风筒壳体可采用壳单元或实体单元模拟，支柱通常采用梁单元模拟，而环板基础可采用梁单元或壳单元模拟。地基视为空间弹性体，可将其简化为弹性地基，用等效弹簧模拟，通过一系列的弹簧单元来进行连接环基单元，环基上的每个节点上连接 4 个弹簧，其中 3 个抗拉（压）的弹簧分别沿半径方向、切线方向和高度方向，另外 1 个为抗扭的弹簧，方向沿环向。

图 15 为冷却塔整体 ANSYS 有限元模的示例。

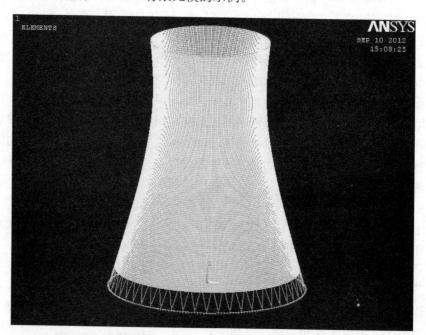

图 15　自然通风冷却塔 ANSYS 整体模型

6.3　钢结构冷却塔的设计关键问题

钢结构冷却塔是冷却塔的结构型式之一，具有抗冻、抗震性能好，安装便捷，在西亚和东欧等严寒或高烈度地震区广泛使用。国内目前电力行业大型冷却塔基本上都是钢筋混凝土的结构型式，尚无建成的大型的钢结构冷却塔工程。

目前，已有若干正在建设的大型机组的冷却塔采用了钢结构。但由于钢结构冷却塔技术在国内尚处研究阶段，而国外钢塔由于建设年代较早，且规模较小，可参考的文献也十分有限，因此，国内相关科研及技术工作者对大型钢结构冷却塔设计关键技术的研究正大量展开。

大型钢结构冷却塔设计关键技术研究将以如下研究课题为突破点和重点：

（1）大型钢结构冷却塔空间结构稳定性理论研究；

（2）大型钢结构冷却塔风荷载研究；

（3）大型钢结构冷却塔围护结构设计研究；

（4）大型钢结构冷却塔防腐研究；

（5）大型钢结构冷却塔安装方案研究；

（6）大型钢结构冷却塔风荷载及结构实测与分析。

大型钢结构冷却塔设计关键技术的研究，主要受力于近年来电力行业大型钢结构冷却塔技术的运用。随着我国社会经济的发展及转型，电力行业也正朝着"资源节约型、环境友好型"方向发展。而钢结构冷却塔相对于常规混凝土冷却塔能节省大量混凝土用量，且冷却塔使用寿命结束后能完全回收再利用，较好地吻合了"资源节约、环境友好"的特点。因此，冷却塔向钢结构发展是电力行业发展的必然选择之一。

另外，由于我国煤炭资源分布的特点，大型火力发电厂的建设将以西部富煤缺水地区为建设重点，从而空冷机组将大量采用；由于空冷塔没有水汽的影响，大大提高了钢结构冷却塔对环境的耐久性，从而为钢结构冷却塔的选用创造了较好的环境条件。此外，国内钢材价格的持续低迷，也使钢结构冷却塔的经济性得以提升，进而亦驱动了对钢结构冷却塔的选择。

7. 输电线路铁塔结构研究

随着我国特高压电网的建设以及同塔多回路线路、紧凑型线路、多分裂大截面导线等输电技术的应用，使得杆塔的荷载越来越大，高度也由于环境等因素的限制也越来越高，2004 年建成的江阴 500 千伏长江大跨越工程塔高达 346.5m，单基塔重 4000t（如图 16）；2010 年建成的舟山内陆联网跨海工程跨越塔，塔高 370m，单基塔重 5000 多吨（如图 17）。

图 16　江阴长江大跨越输电塔　　　　图 17　舟山跨海长江输电塔

大跨越输电结构设计一般包括结构的荷载计算和动力效应分析、结构的内力计算断面选择和材质选用、节点形式和连接方式的选用与计算以及相关构造措施的选用。

7.1　大跨越输电结构计算模型建立

很久以来，我国乃至世界上超高压线路的最高电压等级为 500kV 通常铁塔结构也是角钢塔为主，其弦杆和腹杆的长细比往往都比较大，由于目前 1000kV 特高压线路大规模的建设，使得风荷载效应较小、构件截面特性良好、整塔承载能力和结构延性出色的钢管塔结构得以高速发展，钢管塔结构按照常规的"杆系结构"计算和分析存在较大的偏差，但是每一个铁塔均按照有限元建模进行全工况的计算和分析，费时费力费工（一条线路由于地形条件、气象条件、导线型号、回路数等相应参数的差异，可能会有几十种甚至上百种的塔型），设计往往是对个别塔进行梁杆单元的有限元建模分析，对绝大部分的塔型仍然采取"杆系桁架"进行计算分析，造成较大的偏差。

这个问题已经存在多年，估计今后还将长期存在，而且目前来看，没有很好的解决方案，但是可以通过对不同塔型一定样本的有限元建模分析计算，来探索和思考其规律，并和高效率的"杆系桁架"计算结果进行分析比对，并找出其普遍性的规律，甚至得出相应的设计拟合公式，对"杆系桁架"的计算结果做相应处理后即可用于可靠性较高的设计。

7.2 超高跨越塔结构及材料优化选型

随着区域电网之间联络的日益加强，跨江、跨河、跨海湾的输电线路"大跨越"结构层出不穷。然而输电线路通道及走廊资源的日渐稀缺，导致跨越档距不断加大，塔高也随之不断加高。

大跨越往往在相对空旷的地区，其风压往往也较大（尤其是沿江沿海），加上地形地貌的影响，使得基本风贡献的风荷载占总荷载的70%左右。根据目前的设计经验和钢管塔的制造能力所限（受到中厚板板材宽度、厚度以及镀锌槽宽度、锻压机、整圆机以及焊接、热处理等加工条件制约），300m高度是单管钢管塔的极限（若四腿结构，则单肢截面直径将达到2200～2500mm上下）。超过300m高度的结构就必须要有其他的考虑。随着国内钢材制造水平的提高，可进一步探索材料强度更高防腐性能更好的新型材料在大跨越铁塔中的应用。

7.3 大跨越结构制管工艺和防腐工艺创新

若超过300m仍然采用单管四腿铁塔结构，那么其钢管直径或将超过2200～2500mm，厚度或将超过30～40mm，这样的结构对于专业制管企业也是十分困难。那么唯一的出路就是改变制管方式，改直缝焊管为环缝焊管，这样可以很好地解决中厚板板宽受限问题。但由于钢管塔结构构件是拉压构件（有稍微弯矩存在），环缝的焊接正好和受力正交，设计人员长期以来对这样的对接焊缝不是很放心（事实上也确实存在由于钢管圆度误差问题而导致该环缝较难做到等强度焊缝即二级焊缝以上），但随着加工工艺和自动焊接工艺的提高，目前这些问题也都可以得到很好的解决。一旦突破，同时对板厚也不再受到25～30mm锻压折弯机的能力限制，可以采取三轴滚压的方式将厚度提升至60～70mm。

另外一个问题钢管直径过大，就面临镀锌困难，目前国内最大的镀锌槽的宽度也只有3.2m左右，2.5m的钢管焊接法兰盘后，其直径往往达到了3m左右，那么直径再大的话，就无法实现热浸镀锌的防腐要求。通过前期的市场调研，已经有不同的企业声称有不同的有效的甚至要高于热浸镀锌效果的防腐手段。如果能够突破这种业内已经实践了几十年且效果良好的防腐工艺，那么其单管的直径将不再受到太大的制约，其理论上管径将可以达到3.5～4m。

7.4 新型高强度螺栓的研发

输电结构中常用的螺栓规格为 6.8 级和 8.8 级两种粗制螺栓，而 8.8 级又被称为"高强度螺栓"。但是随着受力的增大，钢管截面的增大，如果仍然配置 8.8 级螺栓的话，其直径往往超过了 M60 甚至更高，这对于螺栓的热处理带来了严峻的考验。但如果采用双层法兰，其法兰螺栓加长导致螺栓的单重达到几十公斤，后期施工非常困难，安全风险也很大。如果采用内外法兰，不仅缩小直径的效果不明显，同时内圈法兰螺栓的安装也十分困难。

这样就提出了，是否可以采取更高级别的螺栓，如 10.9 级。10.9 级螺栓在美国 ASTM 标准中是被禁止采用热浸镀锌工艺防腐的（估计主要是考虑氢脆的问题），而且国内的工程中，镀锌后的 10.9 级大直径螺栓也不仅一次出现过脆断现象（事后经材性试验和金相组织分析，均被认为是热处理等加工引起的螺栓质量问题），这给设计人员采用 10.9 级高强度螺栓带来了阴影。

7.5 大跨越结构单结构设计研究

如前陈述，大跨越铁塔的单件重量越做越大，有的甚至超过了 20t、30t。这给加工制造和施工安装带来了巨大的困难和风险。铁塔高度超过 300m 后，如果一味增加钢管的直径和厚度导致单重飞涨、铁塔耗钢量也飞涨，经济性能变差。设计人员往往采取钢管里面填充混凝土使之成为一个复合结构构件，以承载较大的轴压力。这当然是一个思路。设计不是把构件做大，把结构体系做复杂，而应当使得结构尽量简单，使得设计受力清晰、加工制造简单，工序单一有序，施工风险较小。所以当塔高超过 300m 后，有效的手段应该是：

（1）慎重选择钢管混凝土的结构方案，有混凝土存在，不仅设计计算繁复，而且在施工阶段也因为高空浇筑混凝土而多了一整套的设备配置和工艺布置，也增加施工工期和高空作业风险。能用单一钢结构解决的慎用混凝土；

（2）要坚持化整为零的设计理念。把大的构件通过组合构件的形式拆分成许多小构件加以组合实现。例如一根直径 2.8~3.0m 的构件可以通过 4 根 1.2~1.5m 直径的构件组合实现，通过研究发现，组合后的构件受力不均匀系数不大于 10%。这样给加工、运输、安装带来轻量化的好处，安全风险大大降低，同时也可有效减小螺栓的直径，减小焊缝的焊脚高度，对受力也带来好处。四组合的不均匀受力、组合节点的受力以及四组合构件的体形系数等，有关单位均已经完成了课题研究，结果良好，可为后续的超高跨越塔的结构选型提供支撑。

8. 小结

火电机组容量持续加大及输变电电压等级的升高给电力土建结构设计和工程带来新的挑战。基于性能的主厂房抗震设计研究、特大型冷却塔等将成为电力土建结构设计研究的热点。新工艺、新设备的出现也需要电力土建结构专业相适应，以保证结构及设备的运行安全。煤炭贮存结构研究、烟囱防腐及玻璃钢内筒推广应用研究、钢结构冷却塔研究、汽轮发电机基础减震隔震、空冷支架结构振动控制、钢次梁插入式节点的抗震性能研究等是电力土建结构专业值得继续关注的研究内容。

参考文献

[1] 马申. 主厂房采用混凝土单跨框-排架结构的抗震设计措施. 武汉大学学报(工学版), 2011, 44(增刊): 90-94.

[2] 李红星, 赵春莲.《火力发电厂主厂房混凝土单跨框-排架结构体系选型设计指南》编制介绍. 武汉大学学报(工学版), 2012, 45(增刊): 22-25.

[3] 杨宏亮, 邢克勇, 赵春晓. 某 8 度、Ⅲ类场地主厂房结构选型. 武汉大学学报(工学版), 2012, 45(增刊): 44-48.

[4] 王勇强, 吴冰, 张凌伟, 李兴利. 高烈度区 1000MW 机组侧煤仓结构选型研究. 武汉大学学报(工学版), 2013, 46(增刊): 113-116.

[5] 侯建国, 唐静, 刘亚丹, 田连波, 罗雯, 曾云. 美国混凝土结构设计规范二阶效应的设计规定简介. 武汉大学学报(工学版), 2014, 47(增刊): 24-29.

[6] 侯建国, 罗雯, 刘亚丹, 田连波, 何大鹏. 中美规范风载设计规定的比较. 武汉大学学报(工学版), 2014, 47(增刊): 43-52.

[7] 马涛, 靳小虎, 檀永杰, 赵春晓. 高烈度区火电厂主厂房结构选型分析. 武汉大学学报(工学版), 2014, 47(增刊): 100-104.

[8] 严乐, 周建军, 张鹏, 刘凯雁, 赵春莲. 高位布置主厂房结构形式研究. 武汉大学学报(工学版), 2014, 47(增刊): 109-113.

[9] 陈娜, 孙晓红. 百万机组侧煤仓结构布置研究及分析. 武汉大学学报(工学版), 2015, 48(增刊): 193-197.

[10] 李亮, 任忠运. 大型火电厂主厂房结构静力弹塑性分析及抗震性能评估. 武汉大学学报(工学版), 2010, 43(增刊): 9-12.

[11] 祝黎, 李荣. 电厂主厂房框排架结构静力弹塑性分析. 武汉大学学报(工学版), 2010, 43(增刊): 39-40.

[12] 杨眉, 肖野, 刘春刚. 地震波对混凝土单框架结构弹塑性动力分析的影响. 武汉大学学报(工学版), 2011, 44(增刊): 122-125.

[13] 宋扬, 张略秋, 郭莉. 侧煤仓单跨结构抗震性能分析. 武汉大学学报(工学版), 2012, 45(增刊): 7-10.

[14] 赵春晓, 苑森, 樊晓静, 马涛. 高烈度地震区钢筋混凝土侧煤仓间结构抗震性能分析. 武汉大学学报(工学版), 2012, 45(增刊): 11-16.

[15] 李亮, 宁世龙, 贾军刚. 8 度Ⅲ类场地某钢筋混凝土主厂房结构抗震优化. 武汉大学学报(工学版), 2012, 45(增刊): 17-21.

[16] 梁玉红. 基于 PUSH 的火电厂 R.C 主厂房静力弹塑性分析. 武汉大学学报(工学版), 2012, 45(增刊): 40-43.

[17] 陈亮, 陈昌斌, 王庶懋. 中欧抗震设计规范的对比. 武汉大学学报(工学版), 2013, 46(增刊): 129-134.

[18] 林生逸. 基于 PERFORM/3D 的常规岛主厂房结构弹塑性时程分析. 武汉大学学报(工学版), 2013, 46(增刊): 103-107.

[19] 杨眉, 齐秋平, 刘海波. 中美印抗震设防水准的对比研究. 武汉大学学报(工学版), 2014, 47(增刊): 1-7.

[20]　李亮，任忠运．主厂房 Pushover 分析侧向荷载分布模式研究．武汉大学学报（工学版），2014，47（增刊）：15-18.

[21]　刘凯雁，周建军，张凌伟．百万机组侧煤仓结构静力弹塑性分析．武汉大学学报（工学版），2014，47（增刊）：19-23.

[22]　侯建国，李劲夫，唐静，叶亚鸿，杨力，黄凯斌．中美规范抗震设计规定的比较．武汉大学学报（工学版），2014，47（增刊）：30-38.

[23]　刘强，陈雪莲．主厂房平面规则性判定指标计算方法探讨．武汉大学学报（工学版），2014，47（增刊）：121-124.

[24]　丁伟亮，陈明祥．巨型整体式筒仓基础有限元分析．特种结构，2008，25(1)：34-37，47.

[25]　陈添槐，彭奇，汤正俊，大直径圆形煤仓内壁堆煤温度及侧压力现场实测与分析．武汉大学学报（工学版），2012，45(3)：366-369.

[26]　范振中，周丽琼，周代表，丁伟亮．Enclosed Circular Coal Yard：Experimental Study，Numerical Modeling，and Engineering Design．"重大基建工程可持续发展国际会议(ID-SDCI-2014)"论文集．

[27]　曹玉忠，卢泽生，李晨光，王家栋．大型储煤筒仓的结构分析．建筑结构，2001，31(2)：34-35.

[28]　丁伟亮．整体式封闭煤场挡煤墙有限元分析．武汉大学学报（工学版），2010，43（增刊）：307-310.

[29]　张江霖，范振中，周丽琼．封闭煤场网壳屋面风载体型系数的试验研究．武汉大学学报（工学版），2011，44（增刊）：86-89，94.

[30]　翟建强，薛飞，葛忻声．圆形煤场结构和地基共同作用设计方法简介．武汉大学学报（工学版），2012，45（增刊）：247-250.

[31]　马骏骧．全封闭混凝土储煤仓结构设计裂缝控制浅谈．武汉大学学报（工学版），2015，48（增刊）：250-254.

[32]　马申，田树桐，李兴利，阮明山．燃煤发电厂湿烟囱排烟筒的防腐设计分析．武汉大学学报（工学版），2005，38（增刊）：267-272.

[33]　马申．燃煤发电厂旧烟囱脱硫改造的技术建议．武汉大学学报（工学版），2007，40（增刊）：446-450.

[34]　杨小兵，田树桐，马申，张大厚．燃煤电厂玻璃钢内筒套筒式烟囱设计．武汉大学学报（工学版），2007，40（增刊）：451-454.

[35]　刘付浩，田树桐，杨小兵，马申．火力发电厂悬吊式钢内筒烟囱的结构设计．武汉大学学报（工学版），2007，40（增刊）：442-445.

[36]　解宝安．火力发电厂新建工程湿法脱硫烟囱防渗防腐方案设计研究．武汉大学学报（工学版），2010，43（增刊）：209-302.

[37]　丁伟亮，国茂华，张江霖，范振中．四管自立式钢烟囱风洞试验研究．武汉大学学报（工学版），2011，44（增刊）：341-345.

[38]　国茂华，丁伟亮，张江霖，范振中．四管自立式钢烟囱力学计算分析．武汉大学学报（工学版），2011，44（增刊）：346-348.

[39]　张凌伟，杨小兵，王勇强．悬挂点及止晃点对全悬挂式钢排烟筒烟囱内力影响研究．武汉大学学报（工学版），2012，45（增刊）：216-219.

[40]　刘付浩，张凌伟．火力发电厂全悬挂式双钢内筒烟囱的结构设计．武汉大学学报（工学版），2012，45（增刊）：225-228.

[41]　蔡洪良，陈飞．火电厂烟气湿法脱硫后烟囱防腐调研总结．武汉大学学报（工学版），2012，45（增刊）：234-238.

[42]　张凌伟，杨小兵，王勇强．全悬挂式钢排烟筒烟囱计算模型研究．武汉大学学报（工学版），

2012，45(增刊)：243-246.

[43] 石金龙，钱永丰，惠超．双曲线自然通风钢网壳冷却塔结构分析[C].2014年水工年会会议论文集，2014：302-312.

[44] 袁文俊，王卫东，李飞舟．钢结构双曲线自然通风冷却塔结构形式研究[C].2014年水工年会会议论文集，2014：313-327.

[45] 乐威，赵立．钢结构间接空气冷却塔设计方法研究研究[J].钢结构，2015，5(197)：52-55.

[46] 孙小兵．超大型冷却塔风压分布的空气动力学计算．武汉大学学报(工学版)，2010，43(增刊)：270-274.

[47] 束加庆，卢红前，冉述远．基于ANSYS的大型冷却塔专用数值分析程序开发及应用研究．武汉大学学报(工学版)，2010，43(增刊)：291-294.

[48] 丛培江，李敬生，陈德智，钱永丰，宋良华．间接空冷塔结构优化研究．武汉大学学报(工学版)，2011，44(增刊)：330-333.

[49] 卢红前，束家庆，冉述远．基于结构可靠性理论的双曲线冷却塔施工期风荷载取值．武汉大学学报(工学版)，2012，45(增刊)：326-330.

[50] 黄刚，陈朝，张永飞，李瀛涛．某火力发电厂自然通风冷却塔结构塔型优化研究．武汉大学学报(工学版)，2012，45(增刊)：254-256.

[51] 张戈，束加庆，朱永强．基于有限元软件的超大型钢结构冷却塔结构分析．武汉大学学报(工学版)，2014，47(增刊)：453-457.

[52] 李红星，李强波，董绿荷，薛珉，童根树．大型钢结构冷却塔结构选型研究．武汉大学学报(工学版)，2015，48(增刊)：132-135.

[53] 李亮，任忠运．大型火电厂主厂房结构静力弹塑性分析及抗震性能评估．武汉大学学报(工学版)，2010，43(增刊)：9-12.

[54] 祝黎，李荣．电厂主厂房框排架结构静力弹塑性分析．武汉大学学报(工学版)，2010，43(增刊)：39-40.

[55] 刘春刚，肖野，杨眉，李炳益，卢昊．火电厂钢筋混凝土多层单框架主厂房弹塑性动力分析．武汉大学学报(工学版)，2011，44(增刊)：104-108.

[56] 梁玉红．基于PUSH的火电厂R.C主厂房静力弹塑性分析．武汉大学学报(工学版)，2012，45(增刊)：40-43.

[57] 林生逸．基于PERFORM-3D的常规岛主厂房结构弹塑性时程分析．武汉大学学报(工学版)，2013，46(增刊)：103-107.

[58] 李亮，任忠运．主厂房Pushover分析侧向荷载分布模式研究．武汉大学学报(工学版)，2014，47(增刊)：15-18.

[59] 刘凯雁，周建军，张凌伟．百万机组侧煤仓结构静力弹塑性分析．武汉大学学报(工学版)，2014，47(增刊)：19-23.

[60] 陈磊，周建军，张凌伟，刘凯雁．基于Pushover的高烈度地区侧煤仓结构抗震性能研究．武汉大学学报(工学版)，2014，47(增刊)：53-56.

世界单塔容量最大的光热发电站结构设计关键技术

李红星[1]，何邵华[1]，杜吉克[1]，吕少锋[1]，易自砚[1]，李强波[1]

李国强[2]，陈素文[2]，孙飞飞[2]，叶永健[2]

（[1]中国电力工程顾问集团 西北电力设计院有限公司，陕西 西安 710075；

[2]同济大学 土木工程防灾国家重点实验室，上海 200092）

摘　要：塔式光热发电具有储热功能，相对其他新能源发电形式而言能够提供长期稳定的电力，所以成为新能源电站的一个主要发展方向。目前世界单塔容量最大的塔式光热发电站（摩洛哥 NOOR Ⅲ 期）正在设计建造过程中。该项目吸热塔高 243m，200m 以下为混凝土单筒式结构，200m 以上为钢结构；塔上部布置有超过 3000t 的设备荷载。项目采用美国标准进行设计，3s 阵风风速达 63.1m/s。因没有相应的规范参考，采用相近的美国标准《钢筋混凝土烟囱设计和施工》ACI 307-08 和我国《烟囱设计规范》GB 50051—2013 分别进行了计算分析。在光热电站的储换热区域，两个重要的构筑物分别为熔盐罐和熔盐泵支架。熔盐罐储存有超过 3 万吨约 600 度高温的熔盐，其温度应力和结构应力耦合作用明显。熔盐泵支架上设置有多台长度达 16m 的立式泵，振动问题突出。

关键词：塔式太阳能；吸热塔；熔盐罐基础；标准

中图分类号：TP391

THE KEY TECHNOLOGIES OF STRUCTURE DESIGN FOR THE SOLAR-THERMAL POWER STATION WITH THE WORLD'S LARGEST SINGLE PYLON CAPACITY

H. X. Li[1]，S. H. He[1]，J. K. Du[1]，S. F. Lv[1]，Z. Y. Yi[1]，Q. B. Li[1]

G. Q. Li[2]，S. W. Chen[2]，F. F. Sun[2]，Y. J. Ye[2]

（1. Northwest Electric Power Design Institute Co，LTD. China Power Engineering Consulting Group，Xian 710075，China；2. State Key Laboratory for Disaster Reduction in Civil Engineering. Tongji University，Shanghai 200092，China.）

Abstract：Relative to other forms of new energy power generation，tower solar-thermal electricity can provide long-term stability of electricity because of its thermal storage function，becoming a main development direction of new energy power station. At present，the tower solar-thermal power station with the world's largest single pylon capacity (Morocco NOORIII) is building and designing. The height of the heat absorp-

第一作者：李红星（1976-），男，博士，教授级高工，主要从事电厂结构设计及研究工作，E-mail：lihongxing@nwep-di. com.

通讯作者：李红星（1976-），男，博士，教授级高工，主要从事电厂结构设计及研究工作，E-mail：lihongxing@nwep-di. com.

tion tower is 243m，below 200m of the tower being single-tube reinforced concrete structure and more than 200m being steel structure. Besides，more than 3000t equipment load is arranged on the upper of the tower. The American standard is used for the project to design，and the gust wind speed in 3s is 63.1 m/s. Without corresponding specification to reference，we use the similar American standard "design and construction of the reinforced concrete chimney" ACI307-08 and Chinese standard "the specification for design of chimney" GB 50051—2013 to calculate and analyze respectively. And the molten salt tank and pump bracket are two important structures in the heat storage area of the solar-thermal power station. There are more than 30000 tons of molten salts with about 600 degrees high temperature stored in the tank，of which the thermal stress and structural stress coupling effect is obvious. Anything else，more than one pump with the length up to 16m is set up on the pump bracket，having serious vibration problems.

Keywords：Tower solar energy；Heat absorption tower；Molten salt tank base；Standard

1. 前言

在我国现有能源格局中，火力发电占较大的比重。火力发电厂近年来虽然经历了脱硫、脱硝等技术升级和改造，但二氧化碳排放等问题仍没有得到有效解决，使得传统火力发电的发展受到很大限制。

近十年来，国家大力发展新能源，尤其是光伏发电和风力发电，经过大力发展其装机容量已位居世界前列甚至第一。但由于光伏发电和风力发电的电力品质相对较差，具有储热功能的塔式太阳能发电就有着广阔的应用前景。

太阳能发电主要有四种模式，分别为塔式太阳能电站、槽式太阳能电站、蝶式太阳能电站和线性菲涅尔太阳能电站。由于塔式和槽式具有带储热、成本相对低、电力品质优良等优点而在国内外得到了广泛的研究，目前已有较大机组的商业电站投运。

图1所示为塔式太阳能电站的系统图。图2所示为某商业运行塔式太阳能电站。

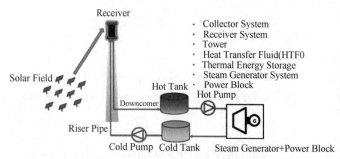

| 图1 塔式太阳能电站系统图 | 图2 某塔式太阳能电站 |

塔式太阳能电站占地面积巨大，一般都有数百公顷。主要的结构难点有三项，首先是电站中心区域的吸热塔，吸热塔属于高耸结构，且上部有较大的设备质量；其次是高温熔盐罐，罐内温度接近600℃，熔盐罐基础属于温度应力和结构应力耦合作用状态；第三就是熔盐泵支架，其上部有较多的立式长轴泵，动力问题突出。

本项目研究依托西北电力设计院有限公司设计的世界单塔容量最大塔式太阳能电站，

单机容量 150MW，项目地处摩洛哥瓦尔扎扎特，项目名称为 NOOR Ⅲ 期 150WM 塔式太阳能电站，按照业主要求采用美国标准设计，同时满足摩洛哥当地设计标准。

2. 吸热塔

该项目的吸热塔总高 243m，为世界上最高的吸热塔，其中 200m 以下为混凝土结构，200m 以上为钢结构，属于竖向混合结构体系。塔上部布置有超过 3000t 的设备，且有多层钢平台。塔内布置有楼电梯，且有较多的支吊架支撑熔盐管道。塔下部直径在基本设计阶段已确定为 23m，混凝土部分的上部截面直径为 20m；200m 以上的钢结构部分直径为 15.7m，为双层 32 边形格构柱构成的圆筒型结构；钢结构塔顶部布置一台检修用吊车。

图 3 所示为结构外形轮廓图和内部布置示意图。图 4 为结构沿高度方向的质量分布图。

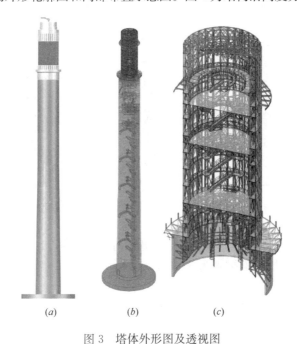

(a)　　　　　(b)　　　　　(c)

图 3　塔体外形图及透视图

（a）吸热塔外形图；（b）吸热塔内部透视图；（c）吸热塔上部钢结构透视图

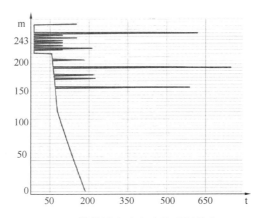

图 4　结构沿高度方向的质量分布

从图 3 可以看出吸热塔为细长的高耸结构，类似烟囱。从图 4 可以看出，吸热塔沿高度方向质量分布极不均匀，且有多层钢结构平台，竖向材质选择不一样，与烟囱结构又有很大的不同。

从国际上来看，没有完全合适的规范适用本结构，最终决定采用美国混凝土结构烟囱设计规范来进行设计，即 ACI307-08 "Code Requirements for Reinforced Concrete Chimneys and Commentary"。

2.1 结构自振周期

建立的有限元模型如图 5 所示，前三阶振型如图 6 所示。

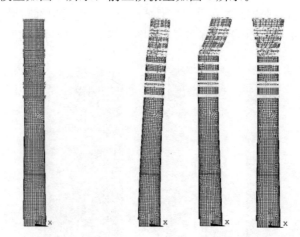

图 5　结构有限元模型　　　图 6　结构前三阶振型

有限元计算得到吸热塔的前三阶自振周期分别为 3.28s，1.12s，0.88s，按照我国烟囱规范计算其前三阶自振周期分别为 3.68s，0.54s，0.176s，两者差异较大。其主要原因在于按照我国烟囱设计规范计算时有较多的计算假定，而此类结构不同于烟囱；同时采用我国烟囱规范计算时采用的是自编有限元软件，与真实模拟实际情况的有限元分析有很大不同。

从图 6 可以看出，吸热塔在上部钢结构与下部混凝土结构结合处出现了刚度突变，因此设计时在此处进行了加强。

2.2 吸热塔风荷载作用分析

该项目地处摩洛哥，3s 阵风风速为 63.1m/s，风速较大。根据 ACI 307-08 规范首先计算了顺风向风荷载，其顺风向风荷载是平均风荷载和脉动风荷载之和。然后计算横风向风荷载，根据 ACI 307-08 规范 4.2.3.1 条规定，当临界风速 V_{cr} 介于 $0.5\overline{V}$ (z_{cr}) 和 $1.3\overline{V}$ (z_{cr}) 之间时，必须考虑前两阶振型的横风向风振影响。本项目吸热塔临界风速正好位于这个区间内，因此必须考虑横风向风振的影响。横风向风振弯矩和顺风向风载弯矩按照式 (1) 进行组合，得到总的风载弯矩：

$$M_w(z) = \{[M_a(z)]^2 + [M_l(z)]^2\}^{0.5} \tag{1}$$

式中，M_w (z) 为总的风载弯矩，M_a (z) 为横风向风载弯矩，M_l (z) 为顺风向风载弯矩。

按照中国《烟囱设计规范》GB 50051—2013，顺风向脉动风荷载的影响是通过风振系数来体现的，横风向风振与美国标准一样同样需要计算。将 3s 阵风风速折算成我国的10min 平均风速后，进行了风荷载作用下的结构内力分析，两者的计算结果对比见表 1所示。

不同标准计算所得基底弯矩和剪力标准值　　　　　　　　　　表 1

项　　目	轴力（kN）	基底剪力（kN）	基底弯矩（kN×m）
GB 50051—2013	225760	7168	840397
ACI307-08	240000	13440	2141395

可以看出，两者的计算结果有较大差异，尤其是基底弯矩差异较大。两国烟囱设计的方法和理论均不相同，比如我国烟囱设计规范阻尼比是固定值，而在美标中阻尼比是一个变化的数值，与临界风速和实际风速有关。而阻尼比对结构的横风向风振相应有较大影响，我国烟囱规范偏不安全。

按照 ACI307-08 计算结果表明，基底弯矩出现最大值不是在最大风速下，而是在锁定风速下，考虑横风向风振影响后，按照式（1）与顺风向弯矩组合后得到最大弯矩。

2.3　圆环形基础设计

根据计算所得的基底弯矩和剪力开展基础设计，基础采用圆环形基础。基础外直径42m，板厚 3.0m，混凝土抗压强度 5000psi。按照 GB 50051—2013 可得到底板上下部的径向弯矩值和环向弯矩值（式 2~4）。但这一结果是得不到外方咨询工程师的认可的，所以建立了有限元模型，分析底板的弯矩、剪力分布情况。

圆环形基础底板下部半径 r_2 处单位弧长的径向弯矩设计值按下式计算：

$$M_R = \frac{p}{3(r_1 + r_2)}(2r_1^3 - 3r_1^2 r_2 + r_2^3) \tag{2}$$

底板下部单位宽度的环向弯矩设计值按下式计算：

$$M_\theta = \frac{M_R}{2} \tag{3}$$

底板悬挑上部单位宽度的环向弯矩设计值按下式计算：

$$M_{\theta T} = \frac{pr_z}{6(r_z - r_4)}\left(\frac{2r_4^3 - 3r_4^2 + r_z^3}{r_z} - \frac{4r_1^3 - 6r_1^2 r_z + 2r_z^3}{r_1 + r_2}\right) \tag{4}$$

式中符号意义见 GB 50051—2013。

图 7~8 所示为有限元计算模型；图 9~14 所示为底板内力。

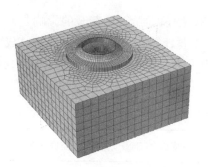

图 7 包含土体的整体模型

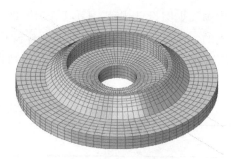

图 8 基础有限元模型

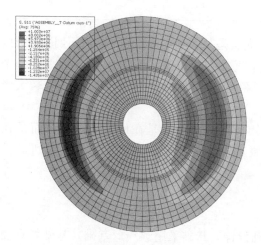

图 9 基础顶面径向主应力（N/m²）

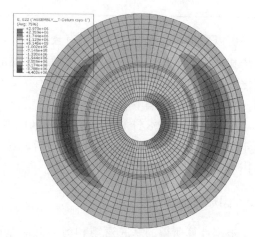

图 10 基础顶面环向主应力（N/m²）

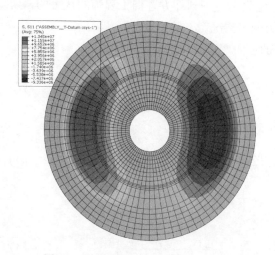

图 11 基础底面径向主应力（N/m²）

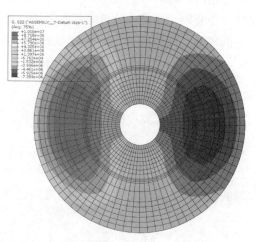

图 12 基础底面环向主应力（N/m²）

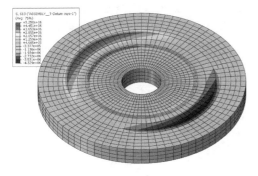

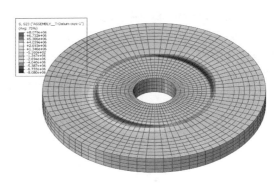

图 13　基础径向剪应力（N/m²）　　　　图 14　基础环向剪应力（N/m²）

基础弯矩对比。按照国标《烟囱设计规范》中有关圆环形基础的计算公式，可得到外悬挑径向弯矩为：$1.12 \times 10^4 \text{kN} \cdot \text{m/m}$，底板下部环向弯矩为 $0.56 \times 10^4 \text{kN} \cdot \text{m/m}$，内悬挑上部径向弯矩为：$1.3 \times 104 \text{kN} \cdot \text{m/m}$。按照有限元分析结果，外悬挑径向弯矩为：$1.04 \times 10^4 \text{kN} \cdot \text{m/m}$，底板下部环向弯矩为 $0.67 \times 10^4 \text{kN} \cdot \text{m/m}$，内悬挑上部径向弯矩为：$0.15 \times 10^4 \text{kN} \cdot \text{m/m}$。

目前，对圆环形基础的实用设计公式只发现我国烟囱设计规范有相关内容，而在国外标准中还未查到相关计算公式。我国规范的计算公式是半理论半经验的简化计算公式，已在国内项目中的得到了广泛应用。国外工程师更相信有限元计算结果，但是事实上，有限元计算结果是建立在很多计算假定上，土体与基础脱开的情况、周边土体的模拟，上部荷载的模拟施加等都对结果有很大影响。

我国烟囱设计规范规定，对圆环形基础应进行基础的冲切验算。但按照业主工程师的要求，还应进行基础的剪切验算。

剪切计算时，偏保守的方法为取 1m 宽悬挑板带计算，如果取基础环根部的剪应力则抗剪不能满足要求。所以根据 ACI318 规范 11.1.3 条的规定取离开支座距离 d 处的剪力来进行计算（d 为基础的厚度）。根据文献［1］所论述的，采用 ACI318 抗剪计算承载力时，混凝土的极限抗剪承载力取 $2\sqrt{f'_c} b_w d$ 是比较保守的，尽管没有配置专门的抗剪钢筋（业主工程师强烈要求的），但也足以保障基础抗剪是满足要求的。

2.4　阻尼比问题

项目施工图业主工程师审查通过后，已经开展现场施工，而后项目的 EPC 方之一西班牙 Sener 公司委托的风洞试验结果[5]出版。

该风洞试验在加拿大西安大略大学风洞实验室进行，缩尺比取 1/400，进行了气弹模型试验，试验模型制作和现场风洞试验照片如图 15 和图 16 所示。

试验模型的阻尼比为 0.7%，基底弯矩和塔顶位移均为实际设计值的 1.4 倍以上。如果试验结果可行，则设计结果将是不安全的。

分析后认为，阻尼比是影响结构风振响应的关键因素，试验报告也指出，一个较大的阻尼水平会显著降低结构风振响应。试验选取阻尼比为 0.7% 是基于文献［2］［3］的实际测量数据。事实上，高耸结构及高柔结构的阻尼比是较低的，但是否能够低到 0.7% 的水平值得商榷。实测阻尼比相对较低与实测时的基本风压有较大关系，当风压较小时，结构处于完全弹性状态，阻尼比会很低；当风压较大时，结构会出现微裂缝，且内部装置也会参与阻尼耗能，阻尼比有所增加。文献［2］也指出，实测阻尼比虽然较低，但设计阻尼比可以取 2％，这与考虑结构实际会出现的较大摆幅有关。同时，从 ACI307-08 的条文解释可以看出，钢筋混凝土烟囱阻尼比为 1.5％左右，且是随着结构的应力水平和裂缝开展情况变化的。

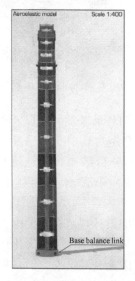

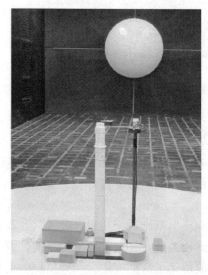

图 15　试验模型制作　　　　　　　　图 16　风洞试验

经过大量的文献分析，认为该结构的阻尼比应该在 1.5％～2.5％之间，基于以上考虑，项目组在国内重新进行基于 2％阻尼水平的气弹模型试验研究，试验工作正在进行中。

2.5　筒壁设计

筒壁设计基于 ACI307-08 第 4.2.4 节的规定，我国烟囱设计规范在早期版本中没有此规定，在 2013 版规范中参照美国标准增加了此项设计内容。

比较特殊的是，在塔筒内部设置有多层钢平台，钢平台为桁架式，这就导致在筒壁处会出现桁架弦杆传来的较大的集中压力或拉力。

图 17 所示为筒壁与钢桁架平台相关关系，图 18 所示为取筒壁一部分计算的边界条件假定。

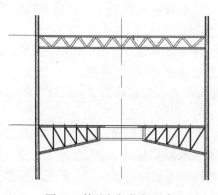

图 17　筒壁与钢桁架平台　　　　　图 18　计算假定

首先计算了桁架单杆与筒壁连接的节点应力变化情况，由于桁架单杆内力（拉或压能达到300t）较大，筒壁不能承受。而后又计算了将桁架端杆再分为"Y"型两杆的节点内力变化情况，计算表明，桁架端杆改为"Y"型布置后，筒壁受力面积增大，再设置肋梁和肋柱后，筒壁能够满足设计要求。

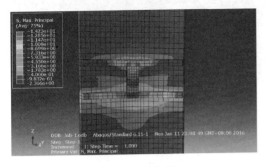

图19　一点加载

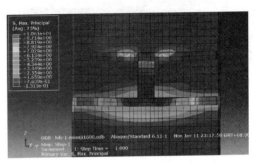

图20　两点加载

3. 熔盐罐基础

光热电站盐区主要建构筑物为熔盐罐和熔盐泵支架。布置图见图21所示。

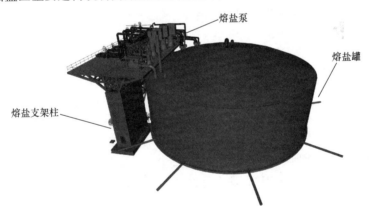

图21　熔盐罐和熔盐泵支架布置图

其中，熔盐罐直径42m，罐内熔盐温度接近600度，熔盐罐基础保温材料选择就十分重要。设计时既要保证熔盐罐内的温度不能损失太多，同时也要保证罐体基础内的环墙温度不能太高而影响罐体的安全性。

熔盐罐内熔盐容重约为水的两倍，熔盐液面高度约12m，总的熔盐重量超过3万t。那么基础顶面将要承受超过200kN/m²的压力，且为高温的压力。

熔盐罐基础布置图如图22所示。采用有限元分析软件ABAQUS建立了温度场和应力场计算模型，如图23所示。图24所示为温度场分析结果。

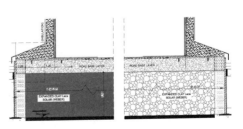

图22　熔盐罐基础布置图

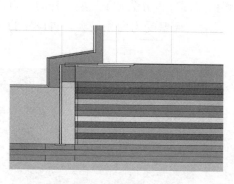

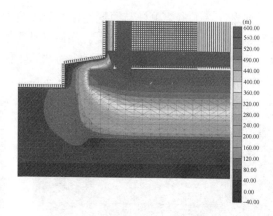

| 图 23 熔盐罐基础计算模型 | 图 24 熔盐罐基础温度场计算结果 |

关于熔盐罐基础有限元分析的细节将另文介绍，本文主要介绍其设计特点。熔盐罐基础的设计中的实质性问题是要考虑温度场和应力场的耦合作用。罐体基础保温材料导热系数要尽可能地小，本文选择国外工程师提供的材料参数，导热系数为 $0.1W/(m \cdot k)$ 左右，需要注意的是，该导热系数是随着温度的变化而变化的。但是当导热系数很小时，热量会一直累积，那么传导至基础环境的温度就十分重要，要给热量一个热传导的渠道，保证传递至环墙的温度不能太高而影响基础的稳定性。

4. 熔盐泵支架

在熔盐泵侧的熔盐泵支架，设计难点在于动力问题分析。该支架上设置有多台立式泵，泵本体长度约 6m，下部输出轴长度约 10m，泵的转速约 1500RPM。该熔盐泵需要伸入熔盐罐以搅动熔盐，为避免悬挑长度过长，熔盐泵支架应尽可能靠近熔盐罐。同时，熔盐泵平台的高度应尽可能地小，否则泵的输出轴会增长，造成泵的制造困难；但泵平台较低后，因为下部有熔盐罐（图 21），那么悬挑平台桁架高度就会减小，平台的刚度就很难保证，造成很大的设计困难。

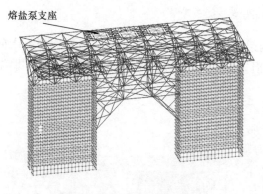

图 25 所示为熔盐泵支架计算模型。熔盐泵设备厂家提出了严格的结构刚度需求，分别为竖向刚度：1.1×10^5 kN/m；竖向扭转刚度：1.65×10^6 kN · m/m，水平刚度：1.5×10^5 kN/m，水平扭转刚度：5×10^5 kN · m/m。致使结构下部设置了两个巨大的钢筋混凝土柱，否则刚度不能满足要求。柱截面为 9m×3m，内部空心并设置有楼梯间。

同时熔盐泵厂家要求，在泵支座处速度动力响应不能超过 3.5mm/s。施加动力

图 25 熔盐泵支架计算模型

荷载后，分析结果如表 2 所示。

熔盐泵支座

项目	U1 mm/s	U2 mm/s	U3 mm/s	R1 rad/s	R2 rad/s	R3 rad/s
支座点 1	2.12	0.56	0.64	0.001511	0.0008395	0.0002127
支座点 2	1.31	1.32	0.82	0.001946	0.0002992	0.00012
支座点 3	1.02	0.71	0.67	0.001614	0.0003216	0.0001589

振动分析结果 表 2

5. 结论与展望

通过世界首台最大的太阳能光热电站的设计实践，许多新的结构问题涌现出来，一个项目的设计并不能解决所有的技术问题，仍有很多问题需要进一步研究和确定。

（1）中国标准与国际标准仍不能很好地接轨，项目要按照国际标准来设计，传统的设计思路已不能沿用。

（2）高柔结构的阻尼比很难确定，其结果对风控制结构影响较大，如何正确理解和应用实测阻尼比与设计阻尼比的关系仍需要进一步研究。

（3）对大容积高温熔盐罐基础而言，基础底部保温材料的选择十分关键，国内尚缺乏不同材料在不同温度下的导热系数基础数据。

参考文献

[1] ACI307-08"Code Requirements for Reinforced Concrete Chimneys and Commentary".

[2] Satake et al. Damping evaluation using full scale Data of Building in Japan. Journal of structural engineering，2003，129(4)：470-477.

[3] Cho et al. Field measurement of damping in industrial chimneys and towers. Structural Engineering and Mechanics，2001，12(4)：449-457.

[4] 《烟囱设计规范》GB 50051—2013，中国计划出版社，2013.

[5] J. M. Terres-Nicoli. Study of the Wind effects on Noor III Tower. ORITIA & BOREAS Wind Engineering.

工业建筑混凝土结构与钢结构耐久性研究进展 *

牛荻涛，徐善华

（西安建筑科技大学土木工程学院，陕西 西安 710055）

摘　要：工业建筑不同于民用建筑，对工业建筑耐久性破坏起关键作用的往往是大环境下的局部环境或微环境状态。本文通过工业环境混凝土结构耐久性损伤调查，提出工业环境结构耐久性环境区划指标，建立工业环境结构耐久性环境区划方法。对高温、高湿工业环境下的混凝土结构，应开展高温、高湿工业环境下混凝土碳化、钢筋锈蚀、混凝土保护层胀裂和性能退化等方面研究，提出高温、高湿工业环境下混凝土结构耐久性评定方法；对工业硫酸盐侵蚀环境下的混凝土结构，应开展硫酸盐侵蚀环境下混凝土质量、抗压强度变化规律等方面研究，提出工业硫酸盐侵蚀环境下混凝土结构耐久性评定方法。对处于工业环境下钢结构，应开展钢结构涂层失效机理和锈蚀表面形貌试验研究，提出钢结构涂层评定和表面表征方法。研究工业环境下锈蚀钢结构构件承载性能退化规律，提出了锈蚀钢结构承载性能评定方法。

关键词：工业建筑；混凝土结构；钢结构；耐久性；评定方法

Research progress on durability of concrete structure and steel structure of industrial construction

Ditao Niu, Shanhua Xu

（School of Civil Engineering, Xi'an University of Architecture & Technology, Xi'an, Shaanxi, China）

Abstract：The local and micro environment state in the macro environment play a key role in the durability damage of industrial construction, which is different from that of civil construction. Based on the investigation on durability damage of concrete structure in industrial environment, the durability environmental zonation index of industrial environment were proposed and the durability environmental zonation methodology of industrial environment were established in this paper. As for the concrete structure of industrial construction in high temperature and high humidity environment, the concrete carbonization, reinforcement corrosion, concrete cover cracking and performance degradation caused by high temperature and high humidity should be researched and the durability assessment method should be established. As for the concrete struc-

* **基金项目：**国家十三五重点研发计划课题（2016YFC0701304、2016YFC0701305）

　第一作者：牛荻涛（1963—），男，博士，教授，博导，主要从事结构耐久性方面的研究，E-mail：niuditao@163.com。

　通讯作者：徐善华（1963—），男，博士，教授，博导，主要从事结构耐久性方面的研究，E-mail：xushanhua@163.com。

ture of industrial construction in sulfate attack environment, the variety law of mass and compressive strength induced by sulfate attack should be investigated and the durability assessment method should be proposed. As for the steel structure in the industrial environment, the failure mechanism of steel structure coating and the surface morphology of corroded steel structure should be studied and, the performance evaluation method of steel structure coating and surface characterization technique should be suggested. Moreover, the degradation law and the assessment method of bearing capacity of the corroded steel structural members in industrial environment should also be investigated and proposed, respectivelly.

Keywords: industrial construction; concrete structure; steel structure; durability; assessment method

1. 引言

进入 21 世纪以来，我国基础设施建设规模之大、速度之快前所未有。目前我国既有建筑面积接近 600 亿平方米规模，其中工业建筑面积比例约为 21.5%，全国既有工业建筑存量接近 130 亿平方米。混凝土结构由于其在取材、成本、维护等方面的优势，是工业建筑首选的结构类型。而钢结构凭借其良好的力学、经济和使用性能，在工业建筑中应用得越来越广泛。工业建筑如选矿、烧结、焦化、化工、冶炼、铸造、造纸、印染等生产车间厂房受腐蚀、潮湿、高温、重载等作用，致使许多工业建筑未到设计使用寿命便出现了严重的耐久性问题（图 1～图 4）。

图 1　框（排）架柱耐久性损伤　　　　　　图 2　框架梁耐久性损伤

图 3　楼板（盖）耐久性损伤

图 4　工业环境钢结构锈损

然而长期以来，工程界往往注重自然条件下建筑安全性和适用性研究，而忽视工业环境下结构损伤机理和性能演变规律研究，工业建筑耐久性问题仅仅是作为一种概念或理念受到关注。由于工业建筑不同于民用建筑，工业环境中的腐蚀性介质种类及危害程度相当复杂，大部分工业建筑内部由于生产流程不同，局部环境差别很大，对工业建筑耐久性破坏起关键作用的往往是大环境下的局部环境或微环境状态，不同局部环境或微环境状态所导致的结构耐久性退化特征及速率有很大差异。环境作用下工业建筑结构性能的响应及其表征，是工业建筑耐久性研究及其应用的难点。如何采用科学方法研究工业建筑结构性能退化与其生产局部环境的相关性，建立评定工业建筑结构耐久性以及预测剩余寿命理论与方法是当前土木工程界迫切需要解决的问题。

2. 工业建筑混凝土结构耐久性

混凝土结构耐久性是由混凝土、钢筋材料本身特性和外部环境共同决定，与工业建筑混凝土结构耐久性相关的主要有几个研究方面。

2.1　工业环境混凝土结构耐久性环境区划

（1）工业环境混凝土结构耐久性环境区划划分原则

工业建筑混凝土结构耐久性环境区划划分应遵从两个原则，即综合性与主导性相结合原则、区域相似性与差异性原则。

① 综合分析与主导因素相结合原则

环境中各个因素相互作用，相互影响，但对混凝土结构耐久性劣化所起的作用程度是不同的。工业废气中的酸性气体（如 SO_2、CO_2、H_2S、盐酸雾和氮氧化物等）、工业废渣及废水等环境因素都会对混凝土结构耐久性造成破坏，但是工业环境中混凝土结构的耐久性破坏最主要的原因是钢筋锈蚀，而引起钢筋锈蚀的主要原因是混凝土的中性化。在混凝土中性化逐渐导致钢筋锈蚀的过程中，环境中的温度、湿度，以及 CO_2、SO_2 等酸性气体的含量起到了关键作用。

② 区域相似性与差异性原则

区域相似性与差异性原则要求所划分的各个分区内的环境基本特点、环境影响因素相对一致，而各个分区之间则要具有较大差异。这一原则在工业环境区划中具体表现为不同工艺流程中环境温度、相对湿度、二氧化碳和酸性气体含量等参数上的不同决定了混凝土中性化程度的差别。虽然整个工业区内环境条件千差万别，但是在同一工艺区段中环境参数能达到相对一致，正是这样的差异性与一致性，才能根据不同环境条件下混凝土结构劣化程度将工业区划分为不同等级。

（2）工业环境混凝土结构耐久性环境区划指标

环境作用的不同表现在混凝土结构上呈现出不同的劣化现象，工业环境中 CO_2 气体和含硫的酸性气体是混凝土中性化控制环境因素，将 CO_2 引起的混凝土碳化和 SO_2 造成混凝土侵蚀作为工业环境下混凝土结构耐久性区划指标。

混凝土碳化造成混凝土内 $Ca(OH)_2$ 减少，混凝土 pH 值降低，使钢筋表面的钝化膜破坏，从而引起钢筋锈蚀。影响混凝土碳化的因素很多，如水灰比、外掺加剂、水泥品种、养护龄期与方法、温度、相对湿度及施工质量等。

酸性气体溶于水形成酸，与混凝土空隙溶液中的 OH^- 发生中和反应生成 H_2O，造成细孔隙中的 OH^- 含量减少，pH 值降低。工业环境下酸性气体中 SO_2 含量较大，对混凝土结构侵蚀作用最为显著。影响 SO_2 气体侵蚀混凝土的环境因素主要有 SO_2 浓度、环境相对湿度和环境温度。

（3）工业环境混凝土结构耐久性环境区划方法

工业环境混凝土结构耐久性环境区划重要内容是确定混凝土结构劣化机理及其在不同环境条件下结构耐久性损伤程度。本文以工业环境下混凝土结构为对象，分别对混凝土碳化、酸性气体侵蚀等不同劣化机理下的混凝土结构进行寿命预测，最终以最小寿命预测值为依据进行耐久性环境区划。

工业环境下混凝土结构耐久性环境区划分两步进行：①确定在碳化和酸性气体侵蚀作用下混凝土结构耐久性损伤等级，并针对不同损伤等级提出相应的耐久性设计要求；②比较两种耐久性损伤、环境区划范围及相应设计要求差异，确定工业环境下混凝土结构耐久性环境区划。

2.2 工业环境下混凝土结构耐久性损伤规律研究

（1）开展高温、高湿工业环境下混凝土碳化规律及其损伤机理研究

开展高温、高湿环境下混凝土碳化试验研究，探讨高温、高湿对混凝土碳化影响；研究高温、高湿环境下混凝土中钢筋锈蚀机理，揭示环境温度、环境湿度对钢筋锈蚀速率影响；开展高温、高湿环境下混凝土结构保护层锈胀开裂试验研究，揭示环境温度、环境湿度对混凝土结构锈胀开裂条件的影响；研究高温、高湿环境下锈蚀钢筋混凝土构件承载性能，提出承载力计算模型。

（2）建立高温、高湿工业环境下混凝土结构耐久性评定方法

在大量试验研究和理论分析基础上，提出高温、高湿工业环境下混凝土结构钢筋锈蚀、混凝土保护层锈胀开裂和结构性能严重退化耐久性评定模型。

①钢筋开始锈蚀评定

$$t_i = A \cdot K_k \cdot K_c \cdot K_m \tag{1}$$

式中：t_i 为自结构建成到钢筋开始锈蚀的时间（a）；K_k、K_c、K_m 分别为碳化速度、保护层厚度、局部环境对钢筋开始锈蚀耐久年限的影响系数，A 常数。

②保护层胀裂的时间评定

$$t_{cr} = t_i + t_c \qquad (2)$$
$$t_c = B \cdot H_c \cdot H_f \cdot H_d \cdot H_T \cdot H_{RH} \cdot H_m \qquad (3)$$

式中：t_c 为自钢筋开始锈蚀到保护层胀裂的时间（a）；H_c、H_f、H_d、H_T、H_{RH}、H_m 分别为保护层厚度、混凝土强度、钢筋直径、环境温度、环境湿度、局部环境对保护层锈胀开裂耐久年限的影响系数，B 常数。

③性能严重退化的时间按下式估算：
$$t_d = t_i + t_{cl} \qquad (4)$$
$$t_{cl} = C \cdot F_c \cdot F_f \cdot F_d \cdot F_t \cdot F_{RH} \cdot F_m \qquad (5)$$

式中：t_{cl} 为自钢筋开始锈蚀到性能严重退化的时间，a；F_c、F_d、F_f、F_t、F_{RH}、F_m 分别为保护层厚度、混凝土强度、钢筋直径、环境温度、环境湿度、局部环境对性能严重退化耐久年限的影响系数，C 常数。

（3）开展工业硫酸盐侵蚀环境下混凝土劣化机理研究

通过混凝土质量和抗压强度二个指标揭示工业 SO_2 气体侵蚀环境造成混凝土劣化机理。

①开展工业硫酸盐侵蚀环境下混凝土质量变化规律研究

研究工业硫酸盐侵蚀环境下质量损失增加随 pH 值、浓度的变化情况，通过一般硫酸盐侵蚀作用下混凝土质量变化相近试验结果发现（图5），质量损失指标敏感度低，用混凝土质量变化反映工业 SO_2 气体侵蚀环境下侵蚀后混凝土损伤程度效果不是十分好。

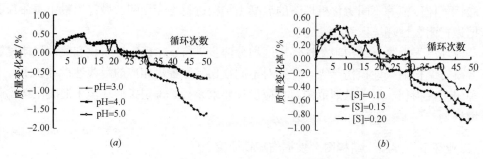

图5　硫酸盐侵蚀环境作用下混凝土质量变化
（a）pH 值不同时混凝土质量变化规律；（b）浓度不同时混凝土质量变化规律

②工业硫酸盐侵蚀环境下混凝土抗压强度变化规律研究

研究工业硫酸盐侵蚀环境下混凝土抗压强度变化规律，通过一般硫酸盐侵蚀作用下混凝土抗压强度试验结果发现（图6），发现在硫酸盐侵蚀初期，抗压强均出现不同程度增

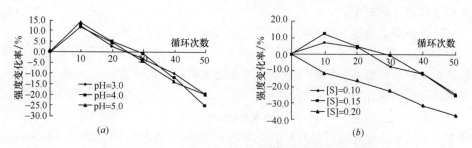

图6　工业硫酸盐侵蚀环境下混凝土抗压强度变化规律
（a）pH 值不同时混凝土质量变化规律；（b）浓度不同时混凝土质量变化规律

长。随着硫酸盐侵蚀循环次数增加，混凝土抗压强度逐渐降低，与质量损失测试指标相比，在一般硫酸盐侵蚀环境下混凝土强度损失更为敏感。

（4）工业硫酸盐侵蚀环境下混凝土结构耐久性评定方法

研究工业硫酸盐侵蚀环境下混凝土结构耐久性评定方法，一般硫酸盐侵蚀环境下混凝土抗压强度损失率及强度耐腐蚀系数按下列规定检测与评定：①检测试件的抗压强度，分别计算3个硫酸盐侵蚀试件与3个比对试件的平均抗压强度；②按下式计算冻融循环试件的平均抗压强度损失率：

$$K_f = \frac{f_{cor,s,m}}{f_{cor,s,m0}} \times 100 \tag{6}$$

式中 K_f ——强度耐蚀系数，精确至0.1％；$f_{cor,s,m0}$ ——对比的3个芯样的抗压强度平均值，精确至0.1MPa；$f_{cor,s,m}$ ——经 N_s 次循环后的3个芯样抗压强度平均值，精确至0.1MPa。

3. 工业建筑钢结构耐久性

工业建筑钢结构耐久性包含以下几个方面：①工业建筑钢结构耐久性环境指标体系与分类，②工业环境钢结构性能退化机理与模型，③工业环境钢结构寿命评估方法。与此相关的研究体现在以下几个方面：

3.1 钢结构防腐涂层耐久性检测与评定技术研究

防腐涂层主要是通过三方面作用（屏蔽作用、阻抗效应和电化学保护作用）来实现对钢材保护，涂层在工业腐蚀性环境下失效机理是既有钢结构耐久性检测与评定的一个关键问题。

（1）既有钢结构防腐涂层耐久性试验研究

通过18个钢板涂层试件，运用CS350电化学工作站测试了涂层失效过程的Nyquist图谱与Bode图谱。Nyquist图谱和Bode图谱测试结果发现，涂层阻抗值在 $10^7 \sim 10^8$ 范围，能够隔绝腐蚀介质与基材的直接结合，保护基材免受腐蚀；涂层阻抗值在 $10^6 \sim 10^7$ 之间，腐蚀介质已经渗透到涂层/基材界面，一般认为涂层寿命到此终止；涂层阻抗值小于1000，涂层已经完全失效。

（2）既有钢结构防腐涂层耐久性评定模型

通过大量实际工程实测数据和试验统计回归，提出防腐涂层失效评定模型：

$$S = 0.10036 t^{2.95748} \tag{7}$$

3.2 锈损钢结构表面特征表征方法

以无涂层酸性大气侵蚀Q235钢板为对象，测试了18块试件表面轮廓（图7），得到锈蚀钢板试件表面锈坑特征参数（表1）。

通过对试验数据进行拟合，得到分数维数与锈坑平均深度、锈坑深度方差之间关系：

$$D = 1.411 \mu^{-0.0347} \tag{8}$$

$$D = 1.426 \sigma^{-0.0376} \tag{9}$$

式中 D ——分形维数，μ 为构件平均蚀坑深度。σ 为构件蚀坑深度方差。

图 7　锈蚀钢结构表面轮廓

试件表面锈坑特征参数　　　　　　　　　　　　　　　　　表 1

高度参数		函数参数	
S_q（μm）	71.670	S_z（μm）	644.17
S_{sk}	-0.29301	S_a（μm）	57.635
S_{ku}	3.5665	S_{mr}（%）	0.00032835
S_p（μm）	169.66	S_{mc}（μm）	99.905
S_v（μm）	474.51	S_{xp}（μm）	129.15

3.3　酸性大气侵蚀环境锈损钢结构承载能力评定技术研究

（1）锈蚀钢结构材料性能退化试验研究

本文以酸性大气侵蚀锈蚀钢材为对象，研究了锈蚀对钢材力学性能影响（图 8～图 10）。

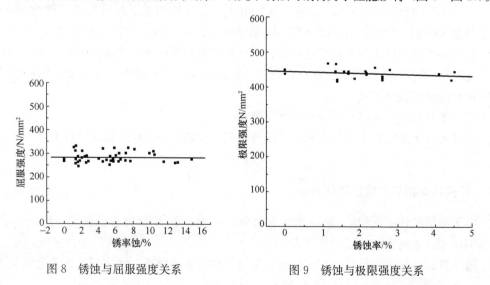

图 8　锈蚀与屈服强度关系　　　　　　　图 9　锈蚀与极限强度关系

（2）锈蚀钢构件承载性能试验研究

对酸性大气侵蚀环境下暴露三年 6 根 H 型钢、7 根槽钢进行了受弯性能试验研究、对 7

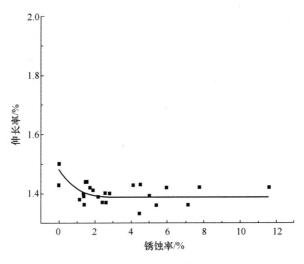

图 10 锈蚀与钢材延伸率关系

根快速锈蚀 H 型钢进行了压弯性能试验研究。结果发现，惯性矩锈蚀损失率 ψ 情况下锈蚀荷载—挠度曲线变化不大（图 11），钢结构构件承载力损失与惯性矩锈蚀损失率成正比。

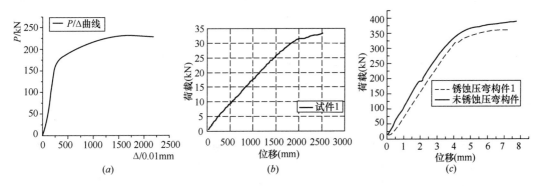

图 11 不同截面惯性矩损失率情况下锈蚀 H 型钢梁荷载-位移曲线

（a）H 型钢受弯；（b）槽钢受弯；（c）H 型钢偏心受压

（3）锈蚀钢结构疲劳性能试验研究

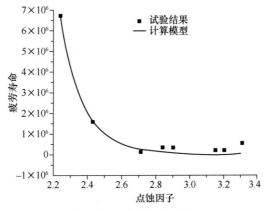

图 12 疲劳寿命与点蚀关系

通过 8 根酸性大气侵蚀腐蚀试件，研究了锈蚀对钢结构疲劳性能的影响。图（12）给出钢结构疲劳寿命与点蚀因子（最深金属穿透深度/平均金属穿透深度）之间关系，由此可见，钢结构表面锈坑的存在降低了钢材塑性变形能力、加速了材料裂纹扩展、降低了材料断裂韧性，造成钢材疲劳性能快速下降。

3.4 酸性大气侵蚀环境锈蚀钢结构承载性能耐久性评定方法

对于普通钢结构，若腐蚀（锈蚀）损伤量超过初始厚度的 25％或残余厚度不大于 5mm，钢材强度应按原设计强度的 80％取用；强度验算时，构件截面积和抵抗矩应考虑腐蚀（锈蚀）对截面的削弱。锈蚀钢结构承载能力评定等级见表 2。

锈蚀钢构件承载能力等级　　　　　　　　　　　　　　　　表 2

构 件 种 类	$R/\gamma_0 S$			
	a_u	b_u	c_u	d_u
一般构件及其连接（节点）	$\geqslant 1.0$	$<1.0,\ \geqslant 0.90$	$<0.90,\ \geqslant 0.80$	<0.80

锈蚀钢结构疲劳性能可按最大腐蚀深度、点蚀因子进行评定，评定模型为：

$$N = 1.174 \times 10^9 \times h_{avg}^{-1.785} \tag{10}$$

$$N = 4.99 \times 10^8 \times h_{max}^{-1.137} \tag{11}$$

$$N = 9.27 \times 10^{12} \times f^{-17.53} \tag{12}$$

式中，N 为疲劳寿命，h_{avg} 为平均腐蚀深度，h_{max} 为最大腐蚀深度，f 为点蚀因子。

4. 结论

（1）通过工业环境混凝土结构耐久性损伤调查，提出了工业环境混凝土结构耐久性环境区划指标，建立了工业环境混凝土结构耐久性环境区划方法。

（2）在现有研究工作的基础上，开展工业高温、高湿环境下混凝土结构损伤机理与评估方法研究，揭示工业高温、高湿对钢筋锈蚀速率、保护层锈胀开裂条件、构件承载性能的影响，提出工业高温、高湿环境下锈蚀钢筋混凝土承载力计算模型。研究工业硫酸盐侵蚀环境下混凝土质量、抗压强度变化规律，建立工业硫酸盐侵蚀环境下混凝土结构耐久性评定方法。

（3）需要进一步研究工业环境钢结构涂层失效机理，提出工业环境钢结构涂层检测技术和评定方法；测试锈蚀钢结构表面特征参数，提出锈蚀钢结构表面特征检测与表征方法；研究锈蚀钢结构构件承载性能退化规律，提出锈蚀钢结构承载性能评定方法。

参考文献

[1] 牛荻涛. 锈蚀钢筋混凝土梁的承载力的试验研究[J]. 建筑结构，1999，188(8)：23-25.

[2] 罗大明. 深圳市混凝土结构耐久性环境区划研究[D]. 西安：西安建筑科技大学，2011.

[3] 宋峰. 基于混凝土结构耐久性的环境区划研究[D]. 杭州：浙江大学，2010.

[4] 于忠，胡蔚儒. 化工大气环境中混凝土的腐蚀机理及性能研究[J]. 混凝土，2000，(8)：10-15.

[5] Tatsuro Nakai, Hisao Matsushita, Norio Yamamoto. Effect of pitting corrosion on strength of web

plates subjected to patch loading[J]. Thin-Walled Structures，2006，44：10-19.

[6]　张华．锈蚀 H 型钢柱压弯性能试验研究与理论分析[D]. 西安建筑科技大学，2011.

[7]　尹英杰．带涂层钢结构的锈蚀特征及其材料力学性能退化规律研究[D]. 西安建筑科技大学，2011.

[8]　秦广冲．腐蚀坑对钢材应力集中系数及疲劳损伤影响研究[D]. 西安建筑科技大学，2014.

[9]　Shanhua X，Songbo R，Youde W. Three-Dimensional Surface Parameters and Multi-Fractal Spectrum of Corroded Steel[J]. Plos One，2014，10(6).

[10]　史斌．腐蚀钢结构表面特征与力学性能退化关系的研究[D]. 西安建筑科技大学，2012.

[11]　Xu S.，Xue Y. W. Q. Evaluation Indicators and Extraction Method for Pitting Corrosion of Structural Steel[J]. Journal of Harbin Institute of Technology，2015，22(3)：15-21.

[12]　徐善华，邱斌．锈蚀 H 型钢偏心受压承载性能试验研究[J]. 实验力学，2013(4)：536-541.

[13]　Xu S.-H.，Qiu B. Experimental study on fatigue behavior of corroded steel[J]. Materials Science&EngineeringA，584(2013)：163-169.

[14]　王皓，徐善华．加速腐蚀环境下钢板表面坑蚀形貌统计规律[J]. 土木建筑与环境工程，2016，38(1)：23-29.

Proceedings of the 7th International Forum on Advances In Structural Engineering（2016）

IFASE 2016

第七届结构工程新进展国际论坛简介

本届论坛主题：工业建筑与特种结构

会议地点：中国　西安

会议时间：2016 年 8 月 19 日至 21 日

主办单位：

 中国建筑工业出版社

同济大学《建筑钢结构进展》编辑部

香港理工大学《结构工程进展》编委会

承办单位：

 西安建筑科技大学

协办单位：

 杭萧钢构股份有限公司

 中国电力工程顾问集团西北电力设计院有限公司

 浙江东南网架股份有限公司

中国建筑科学研究院 PKPM 设计软件事业部

 中国电机工程学会电力土建专业委员会

关 于 论 坛

➤ 论坛介绍

"结构工程新进展国际论坛"在 2006 年首次举办以来，近十年间已经打造成为行业内一个颇有影响的交流平台。论坛旨在促进我国结构工程界对学术成果和工程经验的总结及交流，汇集国内外结构工程各方面的最新科研信息，提高专业学术水平，推动我国建筑行业科技发展。

论坛原则上以两年一个主题的形式轮流出现，前六届的主题分别为：

- **新型结构材料与体系**（第一届，2006，北京）
- **结构防灾、监测与控制**（第二届，2008，大连）
- **钢结构研究和应用的新进展**（第三届，2009，上海）
- **混凝土结构与材料新进展**（第四届，2010，南京）
- **钢结构**（第五届，2012，深圳）
- **结构抗震、减震技术与设计方法**（第六届，2014，合肥）

论坛有三大特点：

其一，每一届论坛都会选择一个在结构工程领域广受关注的主题，请国内外顶尖专家作全面、深度的阐述；

其二，"论坛文集"由两部分组成，第一部分为特邀报告人对演讲内容进行深度展开或延伸而成，充分表达其学术成果；第二部分为参加论坛的代表自由投稿，择优收录于会议论文集；

其三，本次论坛计入注册结构工程师继续教育选修课学时（20 学时）。

"结构工程新进展国际论坛"已作为结构工程领域重要的学术会议在国内外产生了重要影响，历届论坛都吸引了众多专家学者、工程设计人员、青年学生等参会。

➤ 本届论坛介绍

本届论坛习题为"工业建筑与特各结构。"本届论坛由西安建筑科技大学承办，由杭萧钢构股份有限公司、中国电力工程顾问集团西北电力设计院有限公司、浙江东南网架股份有限公司、中国建筑科学研究院 PKPM 设计软件事业部及中国电机工程学会电力土建专业委员会共同协办。论坛共邀请了包括国外知名专家、院士等在内的 16 位报告人做特邀报告。

论 坛 组 织 机 构

➤ **主办单位**

中国建筑工业出版社
同济大学《建筑钢结构进展》编辑部
香港理工大学《结构工程进展》编委会

➤ **承办单位**

西安建筑科技大学

➤ **协办单位**

杭萧钢构股份有限公司
中国电力工程顾问集团西北电力设计院有限公司
浙江东南网架股份有限公司
中国建筑科学研究院 PKPM 设计软件事业部
中国电机工程学会电力土建专业委员会

➤ **指导委员会:**

主　　任：沈元勤（中国建筑工业出版社社长）
　　　　　李国强（同济大学教授，《建筑钢结构进展》主编，第三届论坛承办单位代表）
　　　　　滕锦光（香港理工大学讲座教授，《Advances in Structural Engineering》主编）
委　　员：韩林海（清华大学教授，第一届论坛承办单位代表）
　　　　　李宏男（大连理工大学教授，第二届论坛承办单位代表）
　　　　　吴智深（东南大学教授，第四届论坛承办单位代表）
　　　　　徐正安（安徽省建筑设计研究院有限责任公司教授级高工，第六届论坛承办单位代表）
　　　　　任伟新（合肥工业大学教授，第六届论坛承办单位代表）
　　　　　苏三庆（西安建筑科技大学教授，第七届论坛承办单位代表）
　　　　　赵梦梅（中国建筑工业出版社）

➤ **组织委员会:**

主　　任：史庆轩（西安建筑科技大学）
副主任：苏明周（西安建筑科技大学）
　　　　　朱　军（中国电力工程顾问集团西北电力设计院有限公司）
　　　　　张富礼（中国电机工程学会电力土建专业委员会）
委　　员：杨勇　朱丽华　钟炜辉　陶毅　徐亚洲　田黎敏（西安建筑科技大学）
　　　　　刘婷婷（中国建筑工业出版社）夏勇（香港理工大学）强旭红（同济大学）

特邀报告（按姓氏笔画排序）

特邀报告人			报告题目/方向
Jian-Fei Chen （陈建飞）	Professor	Queen's University Belfast （英国贝尔法斯特女王大学）	Behavior of bulk solids loadings on silos
Yan-Gang Zhao （赵衍刚）	Professor	Kanagawa University （日本神奈川大学）	Load and resistance factor design using methods of moment
马人乐	教授	同济大学	风电结构亚健康状态研究及 工程技术进展
牛荻涛	教授	西安建筑科技大学	工业建筑混凝土结构与钢结构 耐久性能研究进展
白国良	教授	西安建筑科技大学	高烈度区 SRC 框排架结构 抗震性能研究
冯　鹏	教授	清华大学	大型复合材料耐腐蚀烟囱/烟道 的结构性能与设计计算
朱忠义	教授级高工	北京建筑设计院有限公司	FAST 索网结构疲劳分析
李红星	教授级高工	西北电力设计院	世界单塔容量最大的光热 发电站结构设计关键技术
李国强	教授	同济大学	钢结构单向螺栓连接技术
陈　峥	教授级高工	华东电力设计院	电力土建特种建（构）筑物 结构设计关键技术
林　皋	院士	大连理工大学	地下结构的抗震分析
郁银泉	工程勘察设计大师	中国建筑标准设计研究院	门式刚架轻型房屋钢结构在 中国的发展及其新规范介绍
岳清瑞	教授	中冶研究院	工业建筑结构诊治技术
徐　建	教授级高工	中国机械工业集团有限公司	结构振动控制与标准体系
童根树	教授	浙江大学	钢管混凝土束墙抗震性能比较
滕锦光	教授	香港理工大学	薄壳钢结构的分析与设计

第七届论坛特邀报告论文作者简介

岳清瑞 中冶建筑研究总院有限公司，院长，教授级高级工程师。兼任国家工业建筑诊断与改造工程技术研究中心主任、中国钢结构协会会长、全国建筑物鉴定与加固标准技术委员会副主任委员、中国土木工程学会纤维增强复合材料（FRP）及工程应用专业委员会主任委员等。主要从事工业建筑结构诊治技术的研究与应用。主持编写19部工业建筑诊治国家及行业标准，获得国家科技进步二等奖3项，主持完成相关工程应用300余项，出版专著2部，发表论文100余篇。

徐 建 1980年毕业于长春冶金建筑学校，1980年至1981年在西安冶金建筑学院力学师资班学习，1988年湖南大学结构工程专业研究生毕业后在机械工业部设计研究院工作，1994年破格晋升为教授级高级工程师；1999年担任机械工业部设计研究院院长；2001年担任中国机械工业集团公司副总经理兼总工程师，2007年担任中国机械工业集团公司总经理兼总工程师。国家有突出贡献中青年专家，中共中央组织部直接联系管理的专家，国家"百千万人才工程"一、二层次入选，享受国务院政府特殊津贴。国家一级注册结构工程师、国家注册咨询工程师、国家建筑业一级项目经理、博士生导师。我国工程振动控制、工业建筑抗震和砌体结构领域学术带头人，荣获我国建筑振动标准化突出贡献专家、我国砌体结构领域终生成就奖，在企业管理方面荣获中国勘察设计行业十佳现代管理企业家称号。荣获得国家科技进步二等奖2项，省部级科技进步一等奖4项、二等奖3项，全国优秀勘察设计设计一等奖1项，全国优秀工程建设标准设计金奖和银奖各1项，部级优秀设计一等奖3项，国家级企业管理现代化创新成果奖5项。兼任中国工程建设标准化协会副理事长、中国勘察设计协会副理事长、中国工程咨询协会副会长、中国国际工程咨询协会副会长、中国建筑学会结构分会副理事长，中国工程建设标准化协会建筑振动委员会主任委员、中国建筑业协会专家委员会副主任等职，在十多所高校担任兼职教授，培养多名博士研究生。曾多年担任国家科技进步奖、中国土木工程詹天佑大奖、

全国优秀结构设计奖评委。荣获全国工程建设标准工作先进个人，主编国家标准《建筑振动容许标准》《工业建筑振动荷载规范》《工业建筑振动控制设计规范》《隔振设计规范》7本，参编国家标准《建筑抗震设计规范》《砌体结构设计规范》《钢结构设计规范》《建筑抗震鉴定标准》《构筑物抗震设计规范》等18本，出版著作《建筑振动工程手册》《工业建筑抗震设计指南》《建筑结构设计常见与疑难问题解析》《工业工程振动控制关键技术》等28本，发表论文60余篇。

郁银泉 中国工程勘察设计大师，中国建筑标准设计研究院副院长、总工程师、教授级高级工程师，全国超限高层建筑工程抗震设防审查专家委员会委员、中国建筑学会资深会员、中国钢结构协会副会长。长期从事标准规范编制和结构工程设计研究工作。曾主编和参编了9项国家工程建设标准，承担了国家和省部级科研项目10项，主持和指导设计了多项有影响的工程项目和标准设计项目，发表论文40余篇。获得国家优秀工程设计金奖1项，银奖2项，华夏科学技术进步一等奖2项，河北省科学技术进步一等奖1项，北京市科学技术进步二等奖1项。

赵衍刚 神奈川大学教授，中组部"千人计划"国家特聘专家。兼任中南大学特聘教授，同济大学光华讲座教授，高速铁路结构服役安全教育部创新团队学术带头人，国际信息协会（IFIP）结构体系优化及可靠性分会副主席。1996年于日本名古屋工业大学获工学博士学位。历任国家地震局工程力学研究所助理研究员、日本清水建设株式会社客座研究员，日本名古屋工业大学助理教授和副教授、美国加州大学欧文分校访问研究员等职。

长期在结构抗震与结构可靠度领域从事研究和教学工作，在框架结构可靠度设计及结构体系动力可靠度的分析方法方面略有心得。先后主持国家自然科学基金海外及港澳学者合作基金项目，高铁联合基金重点项目等日本和我国国家自然科学基金类项目10余项。公开发表论文200余篇，其中SCI收录论文50余篇。1997年获日本建筑学会东海奖，2003年获日中韩3国建筑学会JAABE Best Paper Award，2008年获日本建筑学会奖（该会最高学术成就奖，该奖设立70余年以来首位华人学者获奖）。

朱忠义 博士，教师级高级工程师，北京市建筑设计研究院有限公司副总工程师，兼任住建部超限工程审查委员会委员、中国钢结构协会专家委员会委员、中国土木工程学会桥梁结构分会空间结构委员会、《空间结构》杂志编委、《钢结构》杂志编委、中国钢结构协会副秘书长、住建部高等教育土木工程专业评估委员会委员等社会职务。负责北京新机场、北京首都机场 T3 航站楼、奥运会国家体育馆、绵阳体育馆、昆明新机场航站楼、凤凰传媒中心、深圳机场 T3 航站楼钢结构设计、哈尔滨大剧院、珠海大剧院、重庆国际博览中心、国家天文台 500m 直径球面射电望远镜等大跨结构设计。

马人乐 教授、博士生导师，兼任中国土木工程学会桥梁及结构工程分会常务理事、中国土木工程学会桥梁及结构工程分会高耸结构委员会主任委员、中国工程建设标准化协会高耸构筑物委员会主任委员、上海水利发电工程学会理事。马人乐教授一直致力于高耸结构的科研、设计和教学工作。近年主持设计了数十座多功能钢结构电视塔，作为主要负责人主持修编了《高耸结构设计规范》、《塔桅钢结构施工及验收规程》，修编了《构筑物设计规范》，参加了《高耸结构设计手册》、《高耸结构振动控制》、《塔式结构》等多部高耸结构方面的著作。以他为第二完成人的高耸结构方面的科研课题多次获得教育部科技进步一、二、三等奖，其中"高耸钢结构设计理论研究与工程应用"项目获得了 2000 年国家科技进步二等奖，排名第二。近年来，马人乐主要从事风力发电结构方面的研究，已申请了风力发电方面的专利，在工程应用中取得了良好的效果。

陈峥 1983 年毕业于浙江大学土木工程系，进入华东电力设计院近 32 年来，长期工作在设计和科研等技术工作的第一线，历任土建专业的卷册负责人，主设人，土建处副主任工程师，主任工程师和院副总工程师。1999 年通过国家一级注册结构工程师考试，同年通过层层选拔考试，被授予第一批全国共 12 名英国特许结构工程师；由于卓越的工作成绩，2005 年被评为中国电力集团顾问公司第一批特级专家，2010 年被中国电力勘测设计协会评为第一批资深专家。现任中国电力勘测设计协会土水专委会副主任，电机工程学会土建专委会副主任委员，上海市土木工程学会理事，上海市住房和城市建设管理委员会委员，中国建筑工程学会地基专委会理事等，多次获电力行业和上海市科技进步奖。

李红星 1976 年生，博士，教授级高工。中国电力工程顾问集团西北电力设计院土木工程部主任工程师。曾获陕西省"青年科技新星"、西安市"创新创造好青年"、中国能源建设集团"优秀科技工作者"等荣誉称号。曾获省部级科技进步一等奖一项、二等奖二项、三等奖一项。参编国家规范两项。发表论文 30 余篇。国家发明专利四项、实用新型专利四项。负责完成了国内、国外多项大型发电项目土建工程设计，在电力主厂房设计、直接空冷支架、新能源土建设计等多个领域进行了研究和应用工作。

牛荻涛 博士，二级教授，博士生导师，西安建筑科技大学研究生院常务副院长，国家杰出青年基金获得者，我国混凝土结构耐久性领域的学术带头人，教育部创新团队"现代混凝土结构安全性与耐久性"带头人，享受国务院政府特殊津贴专家，国家自然科学基金评审组专家。1998 年获第二届陕西青年科技奖，2001 年入选陕西省"三五人才"，2006 年成为"新世纪百千万人才工程"国家级人选，2012 年入选陕西省重点领域顶尖人才，2013 年入选国家百千万工程领军人才（"万人计划"）。兼任中国土木工程学会工程质量分会理事、中国建筑学会村镇防灾专业委员会副主任委员、美国混凝土学会（ACI）中国分会副理事长、混凝土耐久性专业委员会委员、全国结构可靠度委员会委员、全国建筑物鉴定与加固标准技术委员会委员、陕西省力学学会常务理事。主要研究领域有混凝土结构耐久性及其对策、结构可靠度与工程结构抗震、纤维材料在混凝土结构中的应用及加固技术与方法等。在各种环境（一般大气环境，冻融环境，海洋环境，硫酸盐侵蚀环境以及多因素耦合作用环境）混凝土结构耐久性、结构可靠性、混凝土结构抗震设计理论和方法等方面取得了一系列研究成果。主持国家杰出青年基金 1 项、国家自然科学基金重点项目 1 项、国家自然科学基金项目 4 项，国家支撑计划和科技攻关子课题 3 项，省部级基金项目等 7 项；主持编制的行业标准《混凝土结构耐久性评定标准》获得省级科技进步一等奖等多项科技奖励，并以此标准为基础主持编制国家标准《混凝土结构耐久性评定标准》，参编国家标准《工业建筑可靠性鉴定标准》。出版专著 2 部，发表学术论文 200 余篇，培养博士后 3 名、博士 30 名、硕士 92 名。为本科生、硕士博士研究生讲授《结构力学》、《计算结构力学》、《结构可靠性》、《混凝土结构耐久性》等主干课程。获国家科学技术进步二等奖 1 项，省部级科技进步一等奖 3 项、二等奖 4 项。